KB040822

시민의 교양 과학

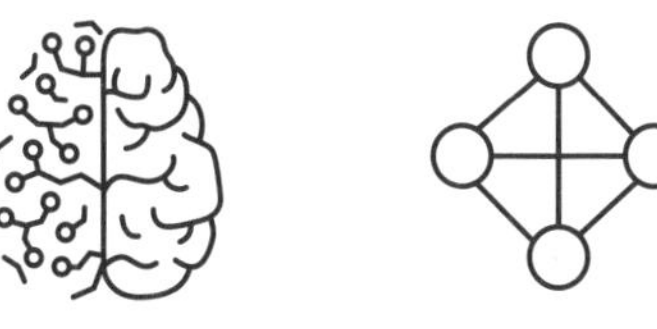
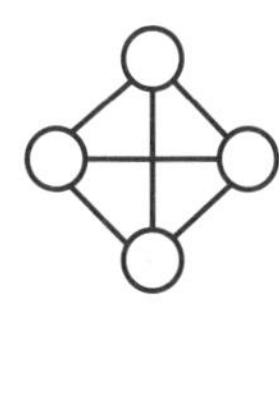
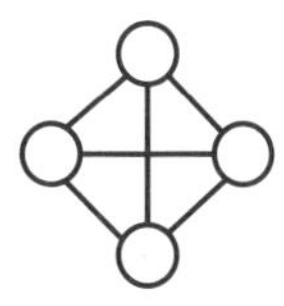
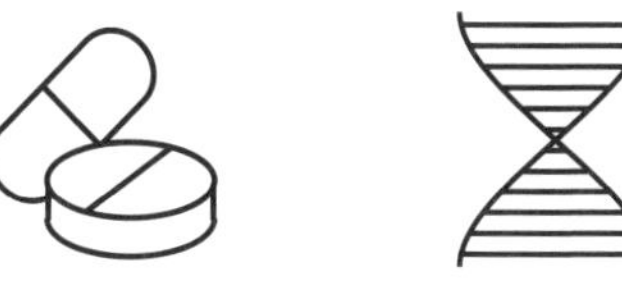

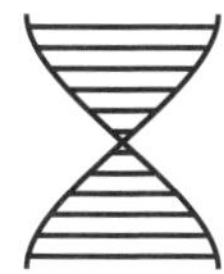
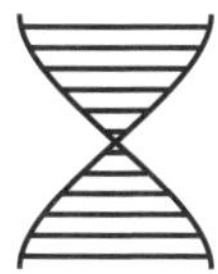
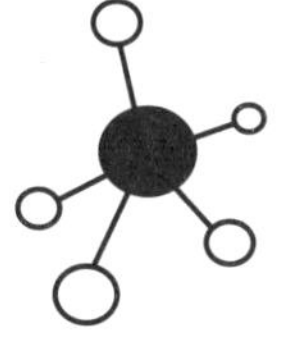
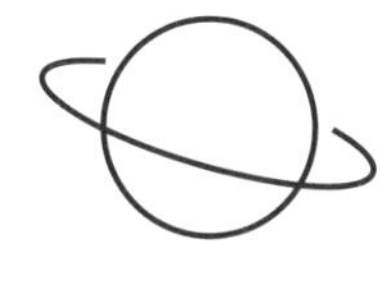
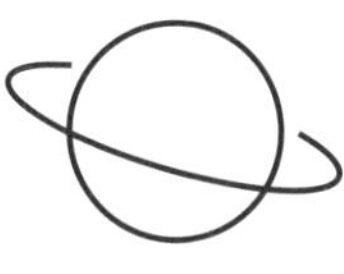

시민의 교양 과학

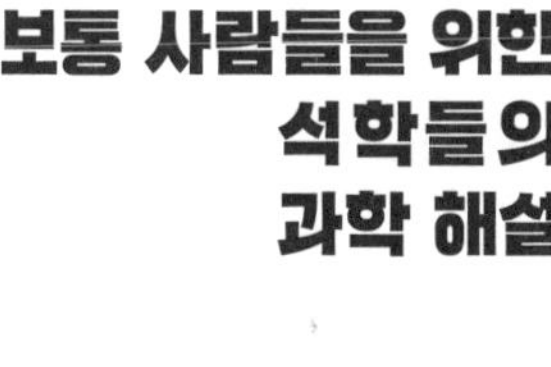

보통 사람들을 위한
석학들의
과학 해설

홍성욱 외 지음

생각의힘

프롤로그

학창시절 과학 과목을 즐긴 사람은 많지 않습니다. 많은 학생들은 스스로를 '수포자(수학 포기자)', '물포자(물리 포기자)'라고 생각하면서, 빨리 졸업을 해서 재미없는 수학과 과학을 벗어날 날만을 꼽습니다. 오죽하면 각 학교에는 '제물포(쟤(제) 때문에 물리 포기했어)' 선생님이 한 명씩 있다는 우스갯소리가 있을까요.

그런데 대학까지 졸업하고 사회생활을 한참 하다가 다시 과학에 흥미를 갖는 사람들이 있습니다. 그냥 있는 정도가 아니라 꽤 많이 있습니다. 열심히 일을 하다 보니까 과학이 정말 중요하다는 것을 느끼고 과학으로 돌아오는 사람도 있고, 일상적인 업무 속에서 자연과 세상이 어떻게 작동하는가라는 좀 더 본질적인 문제에 흥미를 느끼게 되는 사람도 있습니다. 미세먼지, 방사능, 화학물질, 플라스틱, 지구온난화처럼 과학기술이 낳는 문제를 심각하게 생각하다가 과학을 공부하는 사람도 있습니다. 이런 여러 가지 이유들 때문에 시민들의 독서 클럽에서는 과학책을 선정해서 읽는 경우를 자주 봅니다. 누가 시켜서도 아니고, 시험을 보는 것도 아닌데 사람들은 과학으로 다시 돌아옵니다.

하지만 과학으로 돌아와도 어떤 책을 읽어야 할지 막막합니다. 시중에는 교양과학서가 넘쳐 납니다. 그중에는 유명한 과학자들, 노벨상 수상자들이 쓴 책도 많이 나와 있습니다. 또 과학사나 과학철학 책들도 많습니다. 그런데 대체 이 수많은 책 중에 '과학 초보자 가이드' 같은 책을 찾기는 쉽지 않습니다. 물리학이나 뇌과학 분야의 과학 대중서들은 과학의 어려운 내용을 흥미롭게 제공해주지만, 시민들에게 어떻게 과학기술이 낳는 불확실성과 위험을 헤쳐 나가면서 적극적으로 세상을 살아가야 하는지를 제시해주지는 않습니다. 과학사와 과학철학 서적은 과학의 과거와 방법론을 다루지만, 현대 과학의 발전과 현황을 이해하고 싶어 하는 사람들에게는 충분히 만족스럽지 못합니다.

과학을 이해하는 가장 중요한 목적은 세상을 바라보는 합리적 사유의 방법을 배우는 데에 있습니다. 그렇지만 과학을 이해하는 것이 과학을 숭배하는 것은 아닙니다. 우리 주변에 있는 과학 대중 서

적들은 과학이 확실한 지식이라는 점만을 강조하고, 과학이 가진 한계나 과학이 낳는 문제에 대해서는 언급하지 않는 경우가 많습니다. 이런 서적에서 과학적 사고는 마치 마술사의 방망이처럼 사실과 진리를 얻어내는 것으로 그려집니다. 그런데 우리에게 필요한 과학적 사고는 이것저것 따져보고, 다양한 의견을 비판적으로 검토하고, 비교해서 경중을 가려보고, 잠정적인 결론을 낸 뒤에 그것을 현실의 변화와 비교해보는 것을 의미합니다. 이런 과학적 사고는 과학 그 자체에 대해서도 적용되어야 합니다. 이런 사고를 통해서 우리는 과학의 효력과 확실성, 과학기술의 혜택은 물론, 과학의 한계와 불확실성, 그리고 과학기술이 낳는 골치 아픈 문제들을 이해하고 이 사이에서 균형을 잡아야 합니다.

이 책《시민의 교양 과학》은 과학에 흥미를 가지고 과학을 공부하기 시작한 시민들, 과학기술이 낳는 문제 때문에 혼란스럽고 갈팡질팡하는 시민들 모두에게 가이드를 제공하는 목표를 가지고 기획되었습니다. 책에서는 과학을 이해하는 데 가장 기초가 되는 과학사와 과학철학, 여기에 수학, 천문학, 생명과학과 뇌과학 같은 과학 분과에서 등장하는 흥미로운 주제들, 그리고 인공지능, 에너지과학, 기후변화와 미세먼지, 과학기술과 재난, 규제과학, 과학정책같이 과학과 사회의 접점이 낳는 이슈들을 분석하고 있습니다. 독자들은 이 책을 통해 과학 자체는 물론, 과학과 사회의 관계 속에서 만들어지는 여러 사회적 이슈들에 대해서 좀 더 균형 잡힌 시각을 가질 수 있고,

이를 통해 현재와 같이 불확실하고 위험한 사회를 살아가는 데 실제적인 힘을 얻을 수 있으리라고 기대합니다.

이 책의 시작은 2018년에 '민주사회를 위한 변호사 모임(민변)'과 공익법인 두루가 기획한 변호사들을 위한 일련의 과학 강의였습니다. 당시 진행된 과학 강의에 대한 평가가 매우 좋았고, 이 과정에서 강의 내용을 '시민을 위한 교양 과학'으로 확대해서 출판하자는 데에 의견이 모아졌습니다. 이 자리를 빌려 좋은 강의를 해주시고 이를 원고로 만들어주신 선생님들, 변호사들을 위한 과학 강의를 기획하신 조용환 변호사님과 실무를 도와주신 여러 변호사님들, 민변 관계자분께 감사드립니다. 그리고 강의를 녹취해서 원고를 작성하는 일을 맡아준 서울대학교 고고미술사학과 대학원의 이지혜 님에게도 감사드립니다. 기획에 애정을 갖고 이를 책으로 내자는 제안을 흔쾌히 받아주신 '생각의힘'의 김병준 대표님과 지연되는 원고 집필을 끈기 있게 기다려주신 이종배 편집자님께도 깊은 감사의 말을 전하고 싶습니다. 이 책이 과학을 사랑하는 독자들, 그리고 과학에 대해서 왠지 모를 두려움을 느끼는 독자들 모두에게 작은 등대 역할을 할 수 있기를 바랍니다.

2019년 11월

《시민의 교양 과학》 기획자 홍성욱

일러두기

외국 인명은 국립국어원 외래어 표기법의 용례를 따르되 관용적인 표기가 있는 경우 이를 존중했다.

차례

1부

과학의 역사, 과학의 철학

01 과학과 기술, 그리고 그 관계 | 홍성욱 |

02 과학철학 1 논리실증주의에서 포퍼까지 | 이상욱 |

03 과학철학 2 쿤에서 라투르까지 | 홍성욱 |

01

과학과 기술, 그리고 그 관계

홍성욱
서울대학교 생명과학부 / 과학사 및 과학철학 협동과정 교수

과학과 기술은 비슷하면서도 다릅니다. 우리나라에서는 '과학기술'이라는 단어가 자주 사용되기 때문에 많은 이들이 과학과 기술을 비슷한 것이라고 생각합니다. 심지어 '과학=기술'이라고 생각하는 사람도 많습니다. 그런데 역사적으로 과학과 기술은 구별되는 활동이었고, 지금도 그런 면이 있습니다. 철학적으로도 과학과 기술을 구별할 때가 있습니다. 그렇지만 과학과 기술은 밀접하게 연결되어 있으며, 지금은 이 둘의 차이가 거의 없어져서 과학과 기술을 '테크노사이언스technoscience'라는 하나의 단어로 불러야 한다고 주장하는 사람들도 있습니다. 이 장에서는 과학, 기술이 무엇인지 살펴보고, 이 둘의 관계를 알아보려고 합니다.

어원으로 본 과학과 기술

과학의 영어 단어인 사이언스science의 직접적인 어원은 라틴어 스키엔티아scientia입니다. 지금의 사이언스는 주로 자연과학을 가리키지만, 스키엔티아는 지식 전반을 의미했습니다. 더 고대로 올라가면 그리스어에서는 사이언스의 직접적인 어원을 발견할 수 없습니다. 그리스어에는 대신 참된 지식을 의미하는 에피스테메episteme라는 단어가 있었습니다. 철학의 한 분야인 인식론이 영어로 에피스테몰로지epistemology인 것은 이 단어에서 유래한 것입니다. 그리스어에서 에피스테메의 반대말은 독사doxa였습니다. 독사는 믿음, 의견, 여론 등을 의미했습니다. 참된 지식은 믿음, 의견, 여론 등과는 다르다는 얘기였지요.

사이언스가 자연에 대한 체계적인 지식의 의미로 사용되기 시작한 것은 19세기 이후의 일입니다. 그런데 17~18세기에도 갈릴레오, 뉴턴, 라부아지에처럼 우리가 과학자라고 부르는 사람들이 있었지요. 하지만 이들이 하는 일을 '과학'이라고 부르지 않았다는 얘기입니다. 당시에는 이들이 하는 학문을 주로 자연철학natural philosophy이라고 불렀지요. 자연철학은 철학의 일부였기에, 이 시기 동안에 과학 활동은 문자 그대로 철학의 한 부분으로 받아들여졌다고 볼 수 있습니다. 과학과 철학이 융합되어 있었다고 보기보다는, 과학이 아직 분화가 덜 되었다고 볼 수 있습니다.

물론, 실험을 하는 자연철학자들은 자신들이 일반 철학자들과는 다르다고 생각했습니다. 예를 들어, 프리즘을 가지고 빛의 굴절률에 대해서 실험을 하던 뉴턴은 자신이 스피노자Baruch Spinoza와 다르다고 생각했을 겁니다. 그렇지만 데카르트René Descartes, 뉴턴Isaac Newton, 라이프니츠 같은 사람은 철학, 종교, 과학의 영역을 넘나들었던 것도 사실입니다. 아마 이들은 자연에 대한 고민과 인간과 신에 대한 고민이 서로 별개라고 생각하지 않았을 가능성이 큽니다.

자연철학은 19세기 초엽까지 존재했다고 볼 수 있고, 핵심적 활동은 수학과 실험을 통해 자연의 법칙을 발견함으로써 자연에 내재하는 신의 섭리를 드러내는 것이었습니다. 종교적인 색채가 강한 활동이었지요. 유럽 사회는 대략 산업자본주의가 발전하던 19세기부터 급속하게 세속화되며, 이 과정에서 자연철학에 드리웠던 종교적 색채도 걷어집니다. 이렇게 해서 지금 우리가 알고 있는 과학이 탄생합니다. 자연철학이라는 단어의 사용 빈도가 줄어들면서, 역으로 과학이라는 단어의 사용 빈도가 늘어났던 것입니다.

거의 같은 시기에 '과학자'라는 말, 즉 사이언티스트scientist라는 단어가 만들어집니다. 이 말은 영국의 지식인 윌리엄 휴얼William Whewell(1794~1866)이 새롭게 만든 단어지요. 처음에 휴얼은 과학 연구를 수행하는 사람들을 가리켜 '과학인man of science'이라는 용어를 사용했지만, 이후 피아니스트, 바이올리니스트와 비슷한 어미를 가진 사이언티스트라는 말을 만들었습니다. 휴얼은 당시 과학 활동을 하는 사람들의 수가 급격하게 늘었고, 따라서 이들을 지칭할 용어가 필요하다고 생각했던 것입니다. 과학이나 과학자란 말이 본격적으로 사용된 것이 채 200년도 되지 않았다는 것이지요.

이제 기술이란 단어 테크놀로지technology의 어원을 봅시다. 테크놀로지란 단어는 그리스어 테크놀로기아tekhnologia에서 유래됐습니다. 이 단어는 기예, 숙련, 테크닉을 의미하는 테크네tekhne와 서설, 이론을 의미하는 로기아logia가 합쳐진 것입니다. 테크네는 직조하다, 만들다라는 의미의 테크스teks에서 왔고요. 그러니까 무엇을 만드는 것에 대한 체계적인 서설, 이론이라는 의미입니다. 이 테크놀로기아라는 단어가 17세기 초엽에 테크놀로지라는 단어로 바뀝니다.

그렇지만 테크놀로지라는 단어도 거의 사용되지 않았던 단어입니다. 중세에서 근대에 이르는 기간 동안 많이 사용된 단어는 기예art, 혹은 기계적 기예mechanical art란 말이었습니다. 기술이라는 대상 전체를 추상적으로 묶어서 테크놀로지라는 명사가 사용되기 시작한 시점은 19세기 중반입니다. 놀랍게도 사이언스라는 단어가 자주 사용되기 시작할 때 테크놀로지라는 단어도 널리 사용되기 시작했습니다. 그러면서 기예를 의미했던 아트art라는 단어가 예술을 의미하게 됩니다.

이 과정을 조금만 살펴보겠습니다. 아트는 예술과 기술을 모두 의미하는 용어였지요. 예술가 레오나르도 다빈치는 엔지니어이기도 했습니다. 사실 그가 스스로를 엔지니어이자 예술가라고 말하지는 않았지요. 즉, 직업적 영역에서 두 단어가 구별되지 않았던 것입니다. 지금 우리가 보면 예술가와 기술자가 분명하게 구별되지만, 르네상스 시기에는 그렇지 않았다는 얘기지요. 화가, 조각가, 건축가, 수차나 무기 제작자가 모두 아트라는 영역에 속하는 일을 한다고 간주되었고, 한 사람이 이런 일을 모두 하는 경우도 흔했던 것입니다.

그런데 시간이 지나면서 예술을 하는 사람들이 점점 자신들이 엔지니어와는 다르다는 것을 내세우기 시작합니다. 특히 18세기에 이런 관념이 두드러집니다. 장인, 즉 아티전artisan과 스스로를 차별화하면서, 자신들을 아티스트artist라고 부르는 예술가들이 등장했던 것입니다. 장인들이 하는 일이 오랫동안 아트라고 불렸기 때문에, 아티스트들은 자신들이 하는 작업을 아트와 구별해서 파인 아트fine art라고 부르기 시작했습니다. 파인 아트에는 음악, 회화, 조각 등이 속했고, 이런 예술은 미학적인 것을 추구한다는 의미에서 기계를 조작하는 기술과 다르다고 여겨지기 시작했습니다.

이런 변화가 일어나는 동안에 자신들을 장인artisan이라고 불렀던 기술자들이 스스로를 엔지니어engineer(엔진을 다루는 사람)라고 부르기 시작했습니다. 그리고 자신들이 하는 활동을 엔지니어링engineering이라고 불렀고요. 이러면서 아트는 주로 예술을 지칭하는 말로 굳어져 버렸던 것입니다. 예술 활동을 했던 아티스트들은 다시 자신들의 활동을 가리키는 파인 아트에서 '파인'을 버리고 아트라는 말만 사용하게 됩니다(지금도 파인 아트는 예술을 지칭하는 말로 사용됩니다). 이렇게 아트라는 용어에서 예술과 기술이 서로 합쳐져 있다 분리되고 다시 자신의 고유한 영역을 찾아가는 역사를 살펴볼 수 있습니다.

마지막으로 동양을 잠깐 보겠습니다. 일본의 사상가 니시 아마네西周(1829~1897)는 서양의 용어를 한자로 번역해서 아시아 전역에 퍼뜨린 사람입니다. 과학이라는 용어도 그가 영어의 사이언스를 번역하면서 만든 말이지요. 기술, 예술, 철학이라는 단어도 그가 만들었고, 이성이라는 번역어도 그의 창작입니다. 지금 우리가 사용하는 학술적인 언어가 그의 번역으로부터 많이 만들어졌던 것입니다.

니시 아마네가 보았던 서양 과학은 19세기 후반의 과학이었습니다. 이때의 과학은 물리학, 생물학, 지질학 등으로 그 분과가 확실히 구분되어 있었습니다. 또 그는 과학의 핵심이 사물을 구분하는 것이라고 생각했습니다. 그래서 사이언스를 분류하는 학문이라는 의미로 과학이라고 불렀지요. 기술은 기계의 예술, 예술은 고급 재주, 철학은 철인의 학문이라는 의미로 단어를 만들었습니다. 이 모든 용어를 니시 아마네라는 한 인물이 번역할 수 있을 정도로 아시아에는 서양 과학, 기술, 문화, 예술이 거의 동시에 유입되었습니다. 그 결과 서로 다른 길을 거쳐서 발전했던 것이 아시아에서는 같은 패키지로 인식되었습니다.

과학과 기술도 크게 다르지 않은 것으로 각인되었습니다. 서양에서 science and technology라고 사용되는 단어가 동양에서는 '과학과 기술'이 아닌 '과학기술'로 번역되었던 것입니다. 과학기술, 혹은 과학기술자라는 단어는 외국에 존재하지 않습니다. 과학과 기술, 과학자와 기술자 등으로 구분해 부르지요. 과학기술자를 뭉쳐서 부르는 곳은 아시아권밖에 없으며, 특히 과학기술, 과학기술자라는 단어는 우리나라에서 그 사용 빈도가 매우 높습니다.

역사를 통해 본 과학과 기술의 상호작용

사람들이 자연현상에 대해서 체계적으로, 또 철학적으로 고민하기 시작했던 고대 그리스에서 기술은 거의 발전하지 않았습니다. 그리스인들은 철학적 사유를 높게 평가했지만, 실제로 무언가를 만드는 기술은 경시했습니다. 이에 대해서 당시 노동을 담당한 사람들이 시민이 아니라 노예였기 때문이라는 설명도 있습니다. 반대로 로마 시대에는 기술이 상당히 발전했지만, 과학이나 철학은 제자리였습니다. 그리스 과학이 로마에 자리를 잡지 못하고 아랍 지역으로 건너갔을 정도였으니까요. 중세 초기에도 크게 다르지 않았습니다.

중세에 대학이 생기면서, 대학의 교양과목과 전공과목의 일부로 과학과 철학이 자리잡게 됩니다. 당시 중세 가톨릭 사회에서 대학 교수나 학자들은 대부분 수도사, 신부였다고 보면 됩니다. 이들은 보통 사람들이 읽을 엄두도 내지 못하는 책을 읽고 공부를 했습니다. 사회적인 신분도 높았습니다. 학자들은 책을 썼고, 따라서 대학 교수를 했던 학자의 생애와 이들의 철학적 이론에 대해서는 많은 것이 알려져 있습니다. 반면에 기술은 이름 없는 장인에 의해서 만들어지고 개량되었습니다. 우리는 풍차의 발명자가 누구인지, 수차를 누가 발명했는지, 시계를 누가 처음 만들었는지 모르고 있습니다. 중세시대에 나온 렌즈의 발명가도 모르고 있습니다. 이 발명가들이 이름 없는 장인, 기술자였기 때문에 그렇습니다. 학자와 장인들 사이에는 거의 아무런 교류나 상호 영향이 없었습니다. 과학과 기술은 정말 멀리 떨어져 있었던 활동이었던 것이지요.

이런 상황이 르네상스 시기에 바뀝니다. 변화의 조짐은 엔지니어들이 성당, 운하, 도시 계획 등 큰 프로젝트를 하면서 부를 축적한 것에서 시작되었습니다. 부자가 된 엔지니어들은 자신들의 사회적 지위를 높이려 합니다. 공학기술이 존경받을 만한 학문이라는 점을 보여주기 위해서 공학과 관련된 고대 고전을 찾아내서 이를 번역합니다. 그러기 위해서 라틴어를 공부했고요. 이 과정에서 학자들과 접촉을 합니다. 학자들은 기계를 다루는 역학mechanics이라는 학문을 수학적으로 발전시키기도 합니다. 이렇게 하면서 역학이 기계를 다루는 학문에서 점차 물체의 운동을 다루는 추상적인 물리학으로 진화합니다. 갈릴레오는 기계학을 배우고 이를 운동학으로 발전시킨 사람입니다. 이렇게 학자와 장인 사이에 접점이 생겨납니다.

16세기가 되면서 자연철학자들은 고대 아리스토텔레스 자연철학에 대해서 서서히 반기를 들기 시작합니다. 이들 중 일부는 아리스토텔레스가 실험을 반대했다는 사실을 비판합니다. 아리스토텔레스는 관찰만이 유일하게 적법한 과학적 방법론이라고 봤습니다. 실험을 하는 순간에 사람은 자연에 개입해서 이를 교란하고 망가뜨리니까요. 그런데 프랜시스 베이컨 같은 근대 과학철학자는 자연이 그냥 보면 자기 모습을 드러내지 않는다고 봤지요. 어떠한 힘을 가해서 뒤틀고 변형해야만 모습을 드러낸다고 생각했습니다. 실험은 자연을 망가뜨리는 것이 아니라, 실제 자연의 본모습을 온전하게 드러내는 것이었습니다.

실험은 기술을 사용합니다. 사람 손으로만, 눈으로만 하는 실험은 없습니다. 게다가 인간의 감각은 부정확하기 때문에 그것을 극복하고 뛰어넘을 수 있는 여러 기술을 사용합니다. 망원경, 현미경 같은 기술이 17세기에 자연철학자들의 연구에 도입됩니다. 그렇지만 이보다 훨씬 더 충격적이었던 기술은 진공펌프였습니다. 진공이 자연에 존재할까요? 아리스토텔레스는 자연은 진공을 싫어한다고 했습니다. 아무것도 없는 공간은 종교적으로도 불경한 공간이었습니다. 그렇지만 로버트 보일과 같은 자연철학자는 진공펌프로 진공을 만든 뒤에 여러 실험을 했는데, 진공의 구球 속에 촛불을 넣으니까 불이 꺼지고, 그 안에 새를 집어넣었더니 죽는 것을 봤습니다. 깃털과 동전을 진공펌프에 넣으면 동시에 떨어졌습니다. 자연에서는 잘 만족되지 않았던 갈릴레오 법칙이 만족되었던 것입니다. 실험을 통해 자연의 비밀이 드러난다는 것입니다.

실험이 과학의 핵심적 방법론이 되면서, 망원경, 진공펌프, 기압계 같은 기구들을 통해서 과학과 기술이 만나는 접점이 생깁니다. 기술자들은 기기를 만들거나 개량했고, 과학자들은 이런 기기를 이용해서 자연의 비밀을 캐냈습니다. 그렇지만 과학자와 기술자가 비슷한 사회적 신분을 가지고 교류했던 것은 아니었습니다. 아직도 과학자는 대학 교수였거나 아카데미 회원이었고, 기술자들은 그렇지 못했습니다. 18세기 말에 산업혁명이 시작되면서 이런 신분의 차이가 극복됩니다. 영국 버밍엄이란 도시에서는 '만월회Lunar Society'라고 불리는 단체가 설립되는데, 여기에서 엔지니어 제임스 와트, 사업가 매튜 볼튼Matthew Boulton, 자연철학자 조지프 프리스틀리Joseph Priestley,

인문학자 에라스무스 다윈Erasmus Darwin 같은 사람이 모여서 교류를 했습니다. 이런 모임에서는 과학자와 엔지니어가 스스럼없이 어울렸고, 서로에게 도움이 되는 지식과 경험을 공유했습니다.

이런 모임들이 늘어나면서 지식인들은 공학과 기술의 중요성을 알게 되었고, 공학은 중세의 조직이었던 장인의 길드guild에서 벗어나서 도시에서 새롭게 만들어지던 신생 대학에 자리잡게 됩니다. 토목공학, 기계공학, 화학공학, 전기공학 등이 대학에 학과의 형태로 자리잡으면서, 과학과 기술의 상호작용은 더 원활해졌습니다. 화학자와 물리학자는 과학을 공부한 뒤에 화학공업이나 전기산업에 뛰어들었으며, 올리버 헤비사이드Oliver Heaviside 같은 엔지니어는 전기기술을 개량하기 위해서 전자기학을 공부하다가 아예 전자기학 분야에 중요한 기여를 하는 업적을 남기기도 합니다. 19세기 중엽이 되면 과학과 기술이 섞이고 엉키기 시작해서 어디까지가 과학이고 어디부터가 기술인지 깔끔하게 구별하는 게 거의 불가능해졌습니다.

과학은 새로운 기술을 만들어냅니다. 원자핵분열에 대한 연구는 원자로와 원자폭탄을 만들어냈고, 유전자 재조합에 대한 연구는 유전자변형식품을 만들어냈습니다. 반대로 새로운 기술은 새로운 과학을 낳습니다. 증기기관이 발명되면서 과학자들은 기관 내에서 일어나는 현상에 대해 연구하다가 열역학이라는 새로운 학문 분야를 만들어냈습니다. 지금 대부분의 과학 실험실은 첨단 기기 없이는 1분도 돌아가기 힘들 정도입니다. 과학자들은 새로운 현상을 발견하고, 이런 새로운 현상은 기술로 이어지고, 기술은 다시 과거에는 상상도 못했던 기기의 형태로 과학에 들어옵니다. 이제는 과학에서 만들어진 지식이나 현상에 의존하지 않는 기술을 찾아보기 힘들고, 역으로 기술에 의존하지 않는 과학도 찾아보기 힘듭니다. 21세기에 과학과 기술은 연결되어 교류하고, 넝쿨처럼 엉키고, 혼재된 존재가 되었던 것입니다. 이것이 과학과 기술을 합쳐서 테크노사이언스라고 부르는 이유가 됩니다.

철학자들이 본 기술과 과학 – 마르틴 하이데거와 브뤼노 라투르

20세기 독일의 철학자인 마르틴 하이데거는 "기술의 본질은 기술적인technological 것이 아니다"라는 유명한 얘기를 남겼습니다. 기술의 본질이 기술적인 것이 아니라면 무엇일까요?

하이데거에 의하면 기술에는 '의지'의 측면이 있습니다. 기술은 인간으로 하여금 특정한 방식으로 세상을 이해하고 다루게 하는 의지라는 것이지요. 그는 라인강에 발전소를 세우는 예를 듭니다. 발전소가 건설된 뒤의 라인강은 그 전과 다른 존재로 바뀐다는 것입니다. 그 전에는 사람이 라인강을 다양하게 경험했습니다. 어떤 사람은 생명의 젖줄로, 어떤 이는 경외감을 주는 자연으로, 또 다른 이는 영혼을 가진 존재로 말이지요. 그런데 발전소를 세움과 동시에 라인강은 인간을 위한 재원resource이 됐습니다. 이렇게 하이데거는 기술은 무언가를 인간을 위한 재원으로 바꿔버리는 힘이 있다고 강조합니다.

기술의 본질은 증기기관과 같은 기계가 아니라, 강력한 힘, 무형의 의지라는 것입니다. 그것을 효과적으로 만들기 위해서 기술이 17세기부터 과학을 발전시켰다는 것이 하이데거의 입장입니다. 근대 과학의 발전이란 세상을 재원으로 바꾸기 위해 기술이 발전시킨 지식에 불과하다는 것이지요. 그런 의미에서 과학은 기술에 후행後行합니다. 기술은 과학보다 훨씬 더 본질적입니다. 하이데거는 기술에 대해서 굉장히 비관적인 입장이었어요. 인간이 인간성을 발휘하기 위해서는 기술 없는 세상에 살아야 한다고 했지요. 그런데 이미 기술의 지배는 세상에 만연하기 때문에 이를 벗어날 방도가 없습니다. 유일한 구원은 시詩에서 찾아집니다. 하이데거는 말년에 오두막을 짓고 들길을 산책하고 시를 읊다가 죽었다고 합니다. 그런 식의 삶을 살아야 기술의 지배로부터 벗어난다고 생각한 것입니다.

프랑스 사상가 브뤼노 라투르Bruno Latour는 기술에 대한 하이데거의 생각에 대해 비판적입니다. 그는 기술이 세상을 재원으로 환원하는 속성이 있다는 것을 인정하지만, 그것보다는 인간이 기술과 결합할 때 새로운 관계와 가능성이 생긴다는 점에 더 주목했습니다. 요즘 새롭게 등장한 신드롬 중에서 '팬텀 바이브레이션 신드롬'이라는 부작용이 있는데, 이는 휴대전화를 주머니에 넣고 다닐 때 진동이 울린 것처럼 느껴지는 현상을 말합니다. 이러한 부작용은 우리의 삶이 휴대전화에 얼마나 종속되어 있는가를 보여줍니다. 그렇지만 휴대전화가 우리에게 주는 것은 이런 부작용에만 그치지 않습니다. 우리는 휴대전화 덕분에 많은 사람들과 연결됩니다. 이를 통해 얻는 새로운 관계는 새로운 가능성을 낳습니다.

라투르는 하이데거가 주목하지 못했던 몇 가지 관계를 주목했습니다. 우선 기술을 가진 인간은 새로운 의도나 목적을 갖게 된다는 것입니다. 총을 손에 쥔 채로 타인을 위협하는 사람은 총을 발사해서 타인을 해칠 가능성이 높습니다. 그가 원래 그런 의도가 없었다고 해도, 총을 손에 쥠으로써, 즉 인간과 총의 관계로부터 이런 의도가 발생한다는 얘기지요. 두 번째로, 인간은 기술과 결합해서 혼자서는 못 하는 일을 합니다. 자동차를 타고 빠르게 질주하는 일은 인간 혼자서는 할 수 없습니다. 자동차 혼자서도 할 수 없고요. 인간과 자동차가 결합함으로써만 가능합니다. 비행기도 혼자서는 날 수 없고 조종사도 혼자서는 날 수 없습니다. 이 둘이 결합해서 나는 것이지요.

라투르가 주목하는 또 다른 관계는 기술이 엉뚱한 효과를 만들어냄으로써 인간을 대신한다는 것입니다. 과속방지턱을 생각해보지요. 사람들은 "이웃을 생각해서 속도를 줄여주세요"라는 팻말을 무시하고 과속을 합니다. 단속하는 경찰이 서 있으면 과속을 하지 않겠지요. 그렇지만 경찰이 골목골목 서 있을 수는 없습니다. 그런데 과속방지턱을 만들어놓으면 운전자들은 속도를 줄입니다. 과속한 상태로 이 턱을 넘다가는 차를 망가뜨리기 십상입니다. 운전자들은 이웃을 생각해서가 아니라 자기 차를 생각해서 속도를 줄이지요. 이유가 무엇이든 과속방지턱은 경찰관을 대체하는 데 성공한 셈입니다.

라투르 역시 17세기 근대 과학의 탄생을 주목합니다. 그렇지만 하이데거와 달리 라투르는 17세기에 과학과 기술이 결합하기 시작해서 새로운 하이브리드hybrid를 낳기 시작했음을 강조합니다. 진공펌프라는 기술은 자연에서는 여간해서 관찰하기 힘든 진공이라는 하이브리드를 만들어냈던 것이지요. 라투르는 17세기에 시작된 이런 하이브리드 존재들이 시간이 지나면서 점점 더 많아졌고, 그 중 일부는 우리의 통제권을 벗어났다는 데에 주목합니다. 공장과 자동차 배기가스에서 나오는 CO_2, 원자로에서 만들어진 플루토늄, GMO(유전자 변형 생명체) 등이 이런 존재들입니다. 과학도 아니고 기술도 아닌, 과학과 기술이 결합해서 만든 새로운 존재들이지요. 이런 존재들은 바로 우리 인간에 의해서 만들어져서 세상에 나왔습니다. 우리는 이런 존재에 책임이 있다는 얘기지요. 이런 존재를 나 몰라라 하면 안 된다는 것입니다.

라투르와 하이데거는 서로 다른 얘기를 하고 있는 것 같지만 자세히 보면 공통점이 꽤 많습니다. 우선 이들은 모두 우리가 기술에 주목해야 하는 이유를 철학적으로 설명하고 있습니다. 기술은 인간이 특정한 목적을 위해서 만들지만, 꼭 의도한 목적대로만 기능하지는 않습니다. 그리고 기술은 수많은 새로운 관계를 만들어내면서 인간을 바꿉니다. 그 과정에서 잃어버리는 것도 많이 있습니다. 우리는 효용, 성장, 발전만을 추구하면서 동물, 자연, 심지어 다른 사람들 모두를 이용해야 할 재원으로 생각하는 경향이 있습니다. 이런 맹목적인 추구가 지금 우리가 사는 시대의 많은 문제들을 만들어낸 것도 사실입니다. 우리가 이런 문제들을 극복하기 위해서는 하이데거의 비판에 좀 더 귀 기울일 필요가 있습니다. 우리는 과학과 기술이 열어주는 새로운 가능성과 이것이 일으키는 문제에 동시에 주목해야 합니다.

과학과 기술의 차이점

영국의 20파운드 지폐에는 과학자 마이클 패러데이Michael Faraday가 새겨져 있습니다. 패러데이는 영국의 입지전적인 인물로, 정말 가난한 집에서 태어나서 초등학교를 2학년까지만 다녔습니다. 그런데 나중에는 왕족과 귀족을 대상으로 강의를 하는 영국의 가장 대표적인 과학자가 되었습니다. 그는 실험과학자가 된 후 매일 12시간 이상 실험에 몰두했다고 합니다. 패러데이의 가장 대표적인 발견은 전자기유도현상입니다. 두 개의 코일이 있는데 한쪽 코일에 연결된 배터리 회로를 끊었다, 이었다 하면 다른 코일에 전류가 형성됩니다. 이를 이용하면 전기를 만들어낼 수 있습니다. 나중에 에디슨이 도시를 밝힐 때 썼던 발전기의 원리가 바로 이것입니다.

패러데이가 이 모형 발전기를 만들어서 실험을 할 때 당시 수상이었던 글래드스턴이 실험실을 방문합니다. 그리고 이러한 발명이 무슨 유용성이 있냐고 물어봅니다. 패러데이는 즉답을 피한 뒤에 "수상님, 여기에 세금을 매기는 날이 곧 올 것입니다"라고 얘길 했다고 합니다. 한 세대가 지나지 않아서 발전기는 도시를 밝히는 전등에 전기를 공급하기 시작했습니다. 정치인들은 전기에 세금을 매기기 시작했고요. 패러데이의 누추한 실험실에서 전기가 어둠을 몰아내는 제2의 계몽의 시대가 탄생했던 것이지요.

이 얘기는 미래를 만들었던 과학자와 어두운 식견을 가졌던 정치인을 대비시키고 있습니다. 그러면서 순수과학의 중요성을 역설하고 있습니다. 하지만 이 얘기는 누군가 지어낸 이야기입니다. 글래드스턴은 패러데이의 실험실을 방문한 적이 없습니다. 영국의 어떤 수상도 패러데이를 방문하지 않았습니다. 패러데이가 자신의 발명품에 세금을 매길 날이 온다고 말한 적도 없고요. 역사를 통해 영웅담과 미담이 많이 만들어졌듯이, 과학사에서도 그럴듯한 이야기는 대부분 만들어진 것이라고 보면 됩니다. 사람들에게 교훈이 되기 때문에 이런 얘기는 사라지지 않고 계속 퍼져나갑니다.

실제로 있었던 이야기를 하겠습니다. 패러데이가 전자기유도를 발견한 것은 1831년이지요. 그런데 발전기는 1870년대에 만들어집니다. 전자기유도가 분명히 발전기의 원리가 된 것은 맞지만, 40년 가까이 발전기가 안 나왔던 겁니다. 전기가 필요 없었던 것은 아닙니다. 당시에는 전신이 이미 있었기 때문에 전기 수요가 없었다고 보기는 어렵습니다. 왜 이렇게 늦어졌을까요? 패러데이가 실험실에서 만든 발전기는 전신이나 전력용으로 사용하기에는 부적합했습니다. 왜냐하면 많은 전류를 만들어내지 못했기 때문입니다. 이것이 실제로 사용되려면 자여자식self-exciting 발전기가 되어야 합니다. 자여자식 발전기는 전자석에 의해서 유도된 전류가 다시 전자석을 강화해주는 방식으로 작동하는 것입니다. 그래서 결과적으로 더 큰 전류가 유도되며, 산업에서 유용한 발전기가 됩니다.

그런데 이것을 만드는 데 시간이 오래 걸렸습니다. 과학자들은 이런 가능성에 대해서 에너지 보존 법칙에 위배되는 것이 아니냐고 반문했습니다. 한참 지난 다음 고등교육을 받지 못했던 몇몇 엔지니어들이 지속적인 시도를 하다가 1860년대 후반에 자여자식 발전기에 대한 특허가 출원됩니다. 독일 지멘스사의 창립자인 베르너 지멘스Werner Siemens도 이 시기에 자여자식 발전기를 만들어 기술계에 화려하게 데뷔를 했습니다. 발전기의 근본적 원리는 패러데이의 전자기유도가 맞습니다. 그런데 이것이 기술에 응용된 것은 꽤 시간이 지난 뒤에, 그것도 과학자에 의해서가 아니라 기술자에 의해서 자여자식 발전기가 만들어진 뒤에야 이루어졌던 것입니다.

그렇지만 이런 디테일에 주목한 사람들은 거의 없었습니다. 에디슨이 전등을 만들고 도시의 밤이 대낮처럼 밝게 빛나면서 사람들은 패러데이의 전자기유도가 발전기를 낳았다고 믿게 됩니다. 전력 산업과 화학 산업에서는 과학자들을 고용해서 연구를 맡깁니다. 이것이 또 성과를 내자 사람들은 과학이 기술을 낳고, 기술이 산업으로 이어진다고 생각하게 됩니다. 이는 "과학은 발견하고, 산업은 응용하고, 인간은 순응한다Science Finds, Industry Applies, Man Conforms"라는 1933년 시카고 박람회의 표어이기도 했습니다. 레이더와 원자탄을 만들어낸 제2차 세계대전의 놀라운 연구 성과는 이런 믿음을 사실로 만들었습니다. 제2차 세계대전 동안에 미국의 군사연구를 총지휘했던 버니바 부시Vannevar Bush는 《과학, 그 끝없는 프런티어Science, the endless frontier》(1945)라는 저서에서 과학을 지원하면 기술과 산업, 그리고 의료와 건강이 자동으로 발전한다고 주장하면서, 미국 정부가 거대한 규모로 과학 연구를 지원할 것을 주장했습니다.

실제 산업현장은 어떨까요. 1960년대에 미국의 얼라이드 케미컬스라는 회사에서 연구 부서를 만들고 60여 명의 연구원을 고용합니다. 이 연구 부서를 10년 동안 지켜봤는데, 여기에서 대략 10000개의 아이디어가 나왔습니다. 이 중 1000개가 보고서로 작성됐으며, 100개가 특허로 만들어졌습니다. 이 중 10개가 상업적으로 유용했습니다. 그리고 이 10개 중 1개가 산업 전반에 영향을 미칠 만큼 큰 영향력을 행사했습니다. 이 패턴은 숫자가 계속해서 10분의 1로 줄

1933년 시카고 박람회의 포스터. 마천루, 비행기, 화려한 조명이 20세기 진보를 상징하고 있다.

어들어서 '1/10의 법칙'이라는 이름을 얻었습니다. 여기서 중요한 것은 모든 과학 연구가 기술을 낳는 것은 아니라는 것입니다. 만 개의 아이디어 중 열 개 정도가 유용한 기술이 됐고, 이 중 하나가 회사에 큰 이익을 주었으니까요. 그렇지만 과학이 기술로 이어지지 않는 것도 아닙니다. 열 개의 유용한 아이디어나 한 개의 대박 아이디어는 모두 과학에서 시작된 것이니까요.

그래서 우리는 과학과 기술, 산업과의 관계를 세심하게 파악해야 합니다. 과학을 강조하는 사람들은 '과학에 기반한 기술science-based technology', 혹은 '과학에 기반한 산업science-based industry'을 항상 얘기합니다. 여기에서 과학은 주로 첨단과학을 의미합니다. 물론 이런 산업은 중요합니다. 그렇지만 첨단과학과 무관한 기술이나 산업도 많이 있고, 한 나라의 경제에서 이들 역시 중요합니다. 모든 과학이 기술이나 산업으로 이어지는 것은 아닙니다. 과학자는 자신이 관심을 갖는 현상을 규명하는 데 관심이 있지, 응용에 관심을 두지 않습니다. 따라서 우리는 과학을 토대로 생각해야 합니다. 그 위의 이곳저곳에서 기술과 산업이 발전하는 토대 말입니다. 이 중 어떤 것은 기술이 되고 산업화가 되지만 어떤 것은 산업화가 안 됩니다. 어느 것이 기술로 발전하고 어느 것이 그렇지 않을지는 미리 알 수 없습니다. 그래서 과학을 가능한 한 넓게 지원하는 것이 중요합니다.

유럽이나 미국의 경우 19세기 중반 이후부터는 과학이 기술이나 산업과 접목해서 생산성을 높이거나, 과학에 기반한 산업이 출현하는 식으로 경제가 성장했습니다. 이런 성장은 정부가 정책을 잘 설계한 결과가 아니었습니다. 어쩌다 보니 예상하지 않았던 라디오, 텔레비전, 트랜지스터, 합성섬유, 반도체, 레이저, 컴퓨터, 인터넷이 만들어졌던 것이었습니다. 이런 기술 대부분은 산업의 팽창과 일자리 창출에 기여했습니다. 미국이나 유럽의 선진국들은 정부가 나서서 과학기술 정책을 만들고 이에 따라서 산업적 응용을 염두에 두고 일사불란하게 연구개발을 추진하는 식으로 산업의 성장을 이루지 않았던 것입니다.

우리의 경험은 정반대였습니다. 아주 뒤늦게 산업화를 시작한 우리는 1960~70년대에 경제성장을 이룰 때 정부가 선도적 역할을 했습니다. 정부는 처음에 자동차, 정유, 제철, 화학, 기계, 비철 산업 등 국가 경제를 위해서 지원할 산업을 먼저 생각했고, 그것에 필요한 기술이 무엇인지를 정했습니다. 그리고 이 필요한 기술을 집중적으로 발전시킵니다. 한국과학기술연구원KIST, 화학연구소, 기계연구소, 전자통신연구소 같은 정부 출연出捐 연구소에서 이를 담당했지요. 각 산업마다 필요한 연구소를 정부가 돈을 대서 설립했습니다. 연구소와 산업체가 힘을 합쳐서 혁신을 추구했지요. 그리고 이 기술을 위해서 어떤 과학이 발전돼야 하는지 따졌습니다.

우리에게 과학은 항상 마지막이었습니다. 1960~70년대에 우리가 고도성장을 이룰 때 대학에 자연과학 부문이 이과대학에 있었던 이유는 엔지니어가 제대로 일하기 위해 필요한 과학을 가르치기 위해서였습니다. 서양에서는 오랜 시간을 두고 자생적으로 진화한 과학과 기술의 관계가 한국에서는 정부에 의해서, 그것도 매우 짧은 시간 동안에 한국적인 형태로 만들어졌고 또 강요되었습니다. 당시 한국의 상황을 보면 아마도 이것이 바람직했을 것입니다. 발전시켜야 할 산업이 분명하게 보였기 때문이지요. 그런데 이런 방식이 지금까지도 계속되고 있다는 것은 문제시해야 합니다. 우리는 여전히 4차 산업혁명 등 국가 주도로 산업과 그에 필요한 기술을 정하고 있습니다. 이것이 남들을 따라가던 시기에는 좋은 전략이었지만, 지금은 누구를 따라가는 시기를 지났기 때문에 남아 있는 관성에서 벗어나야 할 것입니다.

과학과 기술은 테크노사이언스라고 할 정도로 엉켜버렸습니다. 과학 없는 기술이 있을 수 없고, 기술 없는 과학도 존재할 수 없습니다. 그렇지만 자연현상을 더 근본적으로 탐구하려고 하는 과학과 유용한 상품을 만들려고 하는 기술의 구분은 아직도 존재합니다. 이 둘은 서로 다른 가치를 가지며, 서로 다른 목표를 달성하기 위해서, 서로 조금 다른 방식으로 발전합니다. 우리는 균형과 조화를 맞춰가면서 과학과 기술 모두를 발전시켜야 합니다. 이것이 과학과 기술의 관계에 대한 긴 고찰에서 우리가 배울 수 있는 교훈인 것입니다.

02

과학철학 1
논리실증주의에서 포퍼까지

이상욱
한양대학교 철학과 교수

과학철학이란?

과학철학philosophy of science이 과학인지 철학인지 궁금해하는 분이 많습니다. 이에 대한 답은 과학철학의 영어 표현을 보면 금방 답이 나옵니다. 과학철학은 과학에 '대한of' 철학입니다. 즉, 과학이 제기하는 다양한 인식론적, 존재론적, 방법론적, 윤리학적 쟁점을 탐색하는 철학의 한 분야입니다. 그럼에도 불구하고 과학철학은 논의의 특성상 과학 내용에 대한 깊은 이해에 근거하여 이루어질 때만 생산적인 연구가 가능합니다. 이런 이유로 역사적으로 위대한 과학철학자라고 평가되는 사람들은 아리스토텔레스, 데카르트, 뉴턴처럼 스스로 과학에 탁월한 업적을 남긴 과학자였거나, 베이컨, 흄, 칸트처럼 당대의 과학에 큰 관심을 갖고 이에 대한 정확한 이해에 근거하여 철학적 연구를 수행한 사람들이었습니다.

과학철학은 구체적으로 무엇을 연구할까요? 우선 과학의 존재론이 있습니다. 진짜로 세상에 존재하는 것은 무엇인가? 그것이 어떤 속성을 갖는가를 탐색하는 것입니다. 과학의 인식론도 있습니다. 우리가 과학적 존재자에 대해 어떻게 알 수 있는가? 과학 지식의 객관성을 검증하는 기준이 무엇인가를 따지는 것입니다. 그리고 일반 시민들에게 가장 익숙한 과학의 윤리학이 있습니다. 과학 연구가 어떻게 이루어져야 바람직한가? 과학 지식의 책임 있는 활용은 무엇인가 등을 탐색합니다. 이를 묶어서 일반 과학철학General Philosophy of Science이라고 합니다.

그 밖에도 개별 과학의 구체적인 쟁점을 다루는 특수과학의 철학Philosophy of Specific Sciences이라는 분야가 있습니다. 물리철학, 생물철학, 경제철학, 사회과학철학 등으로 나누어서 탐색하는 것입니다. 여기에서 이야기할 내용은 일반 과학철학, 즉 보편적인 수준에서의 과학철학에 대한 것입니다.

현대 과학철학의 기원: 비엔나 모임과 논리실증주의

과학철학은 과학의 발전과 함께 과학자와 철학자에 의해 고대부터 지속적으로 연구되어 왔습니다. 하지만 과학철학이 독립된 연구분야로 자리잡게 된 것은 20세기 초 오스트리아의 수도 비엔나(빈)에 모여 상대성이론이나 양자역학처럼 당시 새롭게 등장하던 20세기 과학의 철학적 함의를 탐색하던 일군의 과학자, 철학자들의 활동이 계기가 되었습니다. 흔히 비엔나 모임Vienna Circle이나 논리실증주의라고 부르는 현대 과학철학의 중요한 사상적 흐름이 이때 시작된 것이지요.

일반적으로 과학철학의 역사를 다룬 국내 문헌들은 1980년대 이전 연구에 기초한 경우가 대부분입니다. 하지만 1980년대 이후, 비엔나를 중심으로 새롭게 조명된 자료들을 연구한 결과를 보면 우리에게 익숙한 논리실증주의에 대한 평가와 확연히 다르다는 점을 알 수 있습니다. 일단 비엔나 모임circle은 학파school가 아닙니다. 비엔나 모임에 참여했던 학자들 전체의 공통점을 찾기가 불가능하기 때문이지요. 그보다는 오늘 우리에게 익숙한 '공부 모임'에 더 가까운 성격을 가졌습니다. 물론 이들의 작업에서 자신들의 철학적 작업을 통해 성취하려는 대체적인 목표는 상당히 일치했습니다. 기존 철학적 전통의 중요 전제들이 상대성이론이나 양자역학과 같은 새로운 과학의 등장으로 철저하게 재검토되어야 한다는 생각이었지요. 하지만 이런 공통점을 제외하면 정치적 견해나 구체적인 철학적 입장에서는 비엔나 모임 구성원 사이에 상당한 차이가 있었습니다. 그러다가 독일과 오스트리아에서 국가사회주의(나치즘)가 득세하면서 많은 비엔나 모임 참여 학자들이 오스트리아를 떠나 미국이나 영국으로 이주하게 됩니다. 하지만 미국이나 영국에는 이미 유럽과는 다른 철학적 전통이 자리잡고 있었고, 이런 다른 전통과 비엔나 모임의 문제의식이 복잡한 방식으로 결합하면서 현대 영미 과학철학이 형성되게 됩니다.

어떤 지역에서 형성된 사상이 문화나 역사적 전통이 다른 지역으로 갔을 때는 일반적으로 변형이 불가피합니다. 무의식적, 의식적으로요. 그런 과정을 거치면서 우리에게 익숙한 논리실증주의에 대한 고정적 생각, 즉 학술적 활동을 과학과 과학이 아닌 언어분석(철학)으로 나눴다든지, 과학에 대한 철학적 논의를 논리학을 중심으로 수행했다든지 하는 생각이 널리 퍼지게 됩니다. 그래서 실제 비엔나에서 20세기 초에 활발하게 진행되었던 철학적 논의와는 상당히 다른 논리실증주의가 제2차 세계대전 이후 영미권을 중심으로 주류로 등

카페 센트럴

장하게 된 것이지요.

비엔나에는 지금도 '카페 센트럴'이 남아 있습니다. 카페 센트럴은 비엔나 모임의 학자들을 비롯한 20세기 초의 여러 사상가들이 커피를 앞에 두고 다양한 주제에 대해, 요즘 말로 하면 융합적 토론을 한 곳입니다. 노이라트Otto Neurath, 슐리크Moritz Schlick, 카르납Rudolf Carna과 같은 비엔나 모임의 학자들만이 아니라 당시에는 젊은 신진 학자였던 포퍼Karl Popper, 심리학의 혁명을 일으킨 프로이트 등도 자주 드나들었고, 히틀러, 스탈린, 트로츠키, 티토 등의 정치가들도 방문한 적이 있다고 합니다. 과학철학의 역사적 관점에서 중요한 점은 이런 곳에서 첨단과학 연구를 수행하던 과학자들과 철학자들이 자유롭게 새로운 과학에 걸맞은 새로운 철학과 새로운 시대의 모습에 대해 거리낌 없이 토론을 수행했다는 겁니다. 이런 실천적으로 진보적인 분위기에서 논리실증주의가 태동한 것이지요.

20세기 이전에도 과학에 대한 철학적 탐색은 꾸준히 진행되어 왔을 텐데 왜 하필이면 20세기 초 비엔나에서 그런 노력이 과학철학이라는 분과학문으로 자리잡게 된 것일까요?

아인슈타인의 상대성이론과 새로운 철학의 모색

오른쪽 사진은 상대성이론을 통해 물리학에 혁명적 변화를 가져온 아인슈타인의 어릴 적 모습입니다. 그의 이론은 당대 철학자들에게 굉장히 충격적이고 골치 아픈 문제를 제기했습니다. 19세기 초반까지 과학에 대한 철학적 논의에서 표준이 되는 철학자는 칸트였습니다. 칸트에 따르면 인간이 가진 지식은 물자체, 즉 궁극적 존재자에 대해 범주라고 부르는 근본적인 개념틀(시간, 공간, 인과 등)을 적용해서 얻어진 것입니다. 칸트가 이런 생각을 과학적 인식론으로 체계화할 때 참조한 과학은 18세기 과학이었습니다. 뉴턴 역학, 유클리드 기하학이 가장 중요하게 영향을 미쳤지요. 칸트는 이 두 이론을 단순히 훌륭한 이론이라고 생각한 것이 아니라 시간과 공간에 대한 인간의 인식과 인과작용에 대한 인간의 인식을 규정하는 선험적 범주를 제공하는 것으로 간주했습니다. 거기에 더해 이 이론은 단순히 용어의 의미에 의해서 참이 되는 것이 아니라 세계에 대해 경험적으로 참인 '종합 명제'의 성격을 갖습니다. 그래서 칸트에 따르면 유클리드 기하학과 뉴턴 역학은 선험적 종합 명제가 되는 것이지요.

이런 생각에 균열을 일으키는 것이 19세기 중반에 등장한 비유클

여동생 마야와 함께한 어린 아인슈타인

리드 기하학입니다. 유클리드 기하학과 다른 기하학이 모순이 아니라는 점이 알려지면서 그렇다면 세상에 대해 정말로 '참'인 기하학은 어떤 것인지의 문제가 경험적 탐구를 통해 밝혀져야 할 문제가 된 것입니다. 즉, 유클리드 기하학의 선험성이 무너지게 된 것이지요. 유클리드 기하학에서는 평행하는 두 직선은 무한대까지 연결해도 만나지 않는다는 것이 공리公理입니다. 그에 비해 비유클리드 기하학은 이 공리 대신 평행한 직선이 언젠가는 서로 만난다는 공리를 집어넣어 만들거나(리만 기하학), 평행한 직선은 서로 더 멀어진다는 공리를 집어넣어 만든(로바체프스키 기하학) 것입니다.

여기까지만 해도 유클리드 기하학이 선험성은 잃더라도 종합성, 즉 우리 세계에 대해 참이라는 성질은 유지할 수 있는 희망이 있었습니다. 하지만 아인슈타인의 일반상대성이론에 따르면 비유클리드 기하학이 실은 우리 우주를 참되게 기술할 기하학이 된 것입니다. 물질이 균질하게 분포하지 않아 시공간이 '휘어진' 세상에서 유클리드 기하학은 참일 수 없기 때문입니다. 이 사실은 철학자들에게 엄청난 충격이었습니다. 선험적이면서 여전히 참인, 선험적 종합 명제라고 생각했던 이론이 과학의 발전과 경험적 검증을 통해서 오류로 판명될 수 있다는 사실 자체를 받아들이기 힘들었던 것이지요.

이런 맥락에서 다양한 방식으로 칸트 철학을 변형시키는 시도들이 등장합니다. 하나는 신칸트학파인데, 칸트를 역사화하는 방식을 택합니다. 칸트의 철학적 사고의 핵심은 여전히 타당하지만 시대적 한계를 벗어날 수 없었고, 그래서 지금은 시대가 바뀌고 새로운 과학이 등장했으니 새로운 과학에 기초하여 칸트 철학의 핵심을 유지하되 필수적인 수정만 하자는 입장입니다. 카시러Ernst Cassirer가 이런 흐름의 대표적인 학자입니다.

또 다른 시도는 논리실증주의입니다. 논리실증주의 철학자들은 새로운 과학 이론에 비추어 우리가 세상을 바라보는 방식에 근본적인 변화가 있어야 한다고 주장했습니다. 세계관을 재정립해야 한다고 생각한 것입니다.

이런 생각을 한 대표적인 논리실증주의 철학자로 두 사람이 있습니다. 이들은 모두 아인슈타인의 상대성이론에 대한 철학적 연구로 박사학위를 받았고, 융합적인 교육 배경과 연구 경력을 갖고 있었습니다. 한 사람은 슐리크라는 철학자입니다. 슐리크는 막스 플랑크라는 당대 최고의 물리학자를 지도교수로 하여 상대성이론에 대한 철학적 분석으로 물리학 박사학위 논문을 썼습니다. 이런 일이 가능했던 시기가 있었지요. 슐리크는 세계에 대해서 과학적으로 믿을 만한 지식을 산출하는 작업은 철저하게 경험에 기반해야 함을 강조했습니다. 이를 토대주의적 인식론이라고 합니다.

그에 비해 카르납은 상대성이론에 대한 철학적 분석을 이번에는 철학과에서 수행하여 철학박사 학위를 받았습니다. 카르납은 경험을 근거해서 세계에 대한 지식을 구성하는 방식이 다양할 수 있음을 강조했습니다.

실제로 색깔이나 소리처럼 기초적인 감각 경험에 기반하여 과학 지식을 구성할 수도 있고, 의자나 책상과 같은 물체에 대한 상식적인 경험에 기초하여 구성할 수도 있는 식으로 과학 지식을 구성하는 다양하고 '동등한' 방식이 존재합니다. 이 구성방식 사이에 인식론적 우열은 없습니다. 각 학문 분야에 적합한 구성방식을 사용하면 된다는 겁니다. 이것이 카르납이 《세계의 논리적 구성Der logische Aufbau der Welt》(1929)이라는 책에서 주장한 내용입니다. 이것은 과학 지식의 기초를 기초적인 감각 경험에만 두려는 슐리크의 생각과는 상당한 거리가 있습니다. 비엔나 모임에서는 이런 두 사람의 생각을 포함하여 과학 지식의 인식론적 근거에 대한 다양한 주장이 논의되었습니다. 하지만 훗날 논리실증주의라고 알려진 내용은 거의 절대적으로 슐리크의 생각만을 편향되게 소개한 것이지요.

비엔나 모임은 원래 전시상황에서 자원의 배분을 어떻게 해야 경제적으로 효율적일지를 연구했던 노이라트에서 시작되었습니다. 노이라트는 한스 한Hans Hahn, 필립 프랑크Philipp Frank 등의 물리학자들과 함께 1907년부터 모여 당대의 철학적 문제를 토론했습니다. 마흐Ernst Mach의 감각주의 인식론이 중요한 사상적 기반이었지요. 영국 철학자인 데이비드 흄의 경험주의도 공부했고, 프랑스 수학자인 푸앵카레의 시간과 공간에 대한 규약주의적 생각도 토론했습니다. 그러다가 슐리크가 1920년에 박사학위를 받고 노이라트의 초청으로 비엔나대학의 교수로 임용됩니다. 노이라트는 당시 부흥하고 있었던 현대 물리학에 대한 철학적 탐색을 중시했는데, 정작 자신은 물리학에 대해 잘 알지 못하여 그 문제를 인식론적으로 꼼꼼히 다룰 수 없었기에 그런 능력을 갖춘 사람을 적극적으로 찾았습니다. 그 과정에서 아인슈타인에게 적당한 사람의 추천을 부탁했는데, 아인슈타인이 자신의 논문을 철학적으로 분석한 학자 중에서 슐리크만한 사람이 없다고 극찬해서 영입하게 된 것입니다.

당시 라이헨바흐Hans Reichenbach라는 베를린의 과학철학자도 최신 물리학 이론에 대한 과학철학을 연구하고 있었는데, 그가 일반상대성이론으로 박사 논문을 쓴 카르납을 1924년 슐리크에게 소개합니다. 그래서 카르납이 슐리크 밑에 조교수로 1926년 비엔나에 오게 됩니다. 두 번째 비엔나 모임이 본격적으로 시작된 것입니다.

첫 번째 모임과 달리 두 번째 비엔나 모임은 슐리크의 주도로 이루어지게 되었습니다. 카르납과 슐리크는 철학적 입장에 상당한 차이가 있었지만, 정교수였던 슐리크가 주도권을 쥐게 됩니다. 슐리크는 비트겐슈타인의 철학에 특별한 호감을 갖고 있었습니다. 감각 경험을 확고한 토대로 삼아 과학 지식을 정초하려던, 자신의 철학적 목표를 언어분석적으로 치밀하게 전개할 수 있는 방법을 비트겐슈타인이 제시해주었다고 생각했기 때문입니다.

그에 비해 노이라트와 카르납은 새로운 철학을 통해 보다 바람직한 사회를 어떻게 구성할 수 있을지를 탐색해야 한다는 실천적 입장을 지지했습니다. 이 두 입장은 모임 내내 치열한 논쟁을 벌이게 됩니다. 그러다가 국가사회주의가 오스트리아로 영향력을 확대하면서 진보적 성향이었던 노이라트, 카르납은 영국과 미국으로 떠나고 슐리크 혼자서 비엔나를 지키다가 치정 살인인지 정치적 살인인지 아직까지도 그 정체가 분명히 밝혀지지 않은 방식으로 살해됩니다.

노이라트의 과학관

노이라트의 과학관은 과학철학자 입장에서 매우 흥미롭습니다. 슐리크의 과학관은 피라미드를 쌓는 것과 같습니다. 주춧돌을 잘 쌓아놓고, 그 위에 단을 쌓고 또 쌓아서 피라미드를 만들지요. 과학 지식은 기초가 탄탄해야 한다는 생각에서입니다. 이 생각은 서로 다른 과학 분과들 사이에서도 성립합니다. 물리학이 기초를 제공하면 그 위에 화학, 또 그 위에 생물학, 그 위에 사회과학이 성립할 수 있다는 생각입니다.

이런 슐리크의 생각과 달리 노이라트는 자신의 과학관을 유명한 '배 은유'를 통해 설명합니다. 여러분이 망망대해에서 배를 타고 가다가 배가 망가졌다고 가정해보지요. 가라앉을 정도는 아니고 구멍이 몇 개 났어요. 하지만 항구로 돌아가서 차근차근 기초부터 탄탄하게 고칠 여유는 없습니다. 이런 상황이라면 일단은 임시방편으로 고칠 수밖에 없겠지요. 내 방에 있는 판자를 떼서 얼기설기 물만 안 들어오게 막는다든가, 망가진 조타기를 어쨌든 배의 진로는 조정할 수 있을 정도로 고친다든가 하는 식입니다. 중요한 점은 배가 가라앉지 않고 항해를 계속할 수 있을 정도로 지속적으로 수선 작업을 한다는 겁니다. 과학 연구를 하다 보면 풀어야 할 문제가 지속적으로 나타나게 됩니다. 이를 풀기 위해 새로운 개념을 만들기로 하고 이론적 틀을 바꾸기도 합니다.

하지만 그런 개별 과학적 해결책 전체를 차근차근 기초를 세워가는 방식으로 만들어나갈 수는 없습니다. 대부분의 과학자들은 자신들이 사용할 수 있는 다양한 개념적, 경험적 수단을 동원해서 충분히 만족스러운 정도로 문제를 해결해 나갈 뿐, 과학 지식 전체를 철저한 감각적 경험에 기초해서 엄밀하게 도출해야 한다는 토대주의적 당위를 느끼지 않는다는 겁니다. 당연히 모든 과학이 물리학처럼 '보다 기초적인' 과학 분과로 환원되어야 한다는 생각도 하질 않습니다.

노이라트는 이렇게 반토대주의적, 다원주의적 과학관을 옹호한 것으로 유명합니다. 그러니 당연히 슐리크와 갈등이 있을 수밖에 없었겠지요. 그런데 노이라트는 사회주의적 성향이 강했기 때문에 제2차 세계대전 이후 좌우 체제 대립이 격화된 사회적 배경에서 큰 영향력을 발휘하기는 어려웠습니다. 노이라트보다 훨씬 더 온건했던 카르납 정도는 입장 전환을 통해 살아남았지만, 슐리크가 죽은 후 헴펠, 파이글 같은 그의 젊은 제자들만 영미 과학철학계에서 주도권을 잡게 됩니다. 결국 노이라트의 급진적 과학철학은 비트겐슈타인의 언어철학에 큰 영향을 받은 슐리크의 토대주의적 경험주의에 밀려 영미 과학철학계에서 거의 잊히게 되는 겁니다. 우리에게 익숙한 논리실증주의의 이미지, 즉 과학철학이란 과학의 인식론적 기초를 과학 언어에 대한 논리적 분석을 통해 탐색하는 것이라는 생각이 득세하게 된 것입니다.

이 대목에서 카르납이 재미있습니다. 카르납은 1929년 독일어로 발표한 《세계의 논리적 구성》이라는 책에서 세계의 논리적 기초는 앞서 설명한 방식으로 다양하게 제시될 수 있다는 다원주의적 입장을 제시했습니다. 그런데 미국으로 이주한 후 이 책의 영문판 서문을 다시 썼는데요. 이 영어 서문과 초판 서문의 내용이 너무나 다릅니다. 초판 서문은 철학이 세계를 바꿀 수 있는 가능성이라든가, 세계에 철학이 이바지할 가능성에 대해 강조하는 맥락에서 비엔나 모임을 언급하면서 우리가 보다 바람직한 세상을 만들어낼 수 있다는 희망적 메시지가 담겨 있습니다. 어떤 대목은 칼 마르크스의 공산당 선언을 연상시킬 정도입니다. 하지만 이런 태도는 당시 반공주의 경향이 강했던 미국의 학계에서는 위험했지요. 카르납이 미국 이주 초기에 자리를 못 잡고 방황하고 있을 때 미국의 한 과학철학자가 동료에게 카르납을 추천하면서, 그가 예전에는 이런 생각을 했지만, 이제는 달라졌으니 그의 사상적 경향에 대해서 걱정하지 않아도 된다고 말했을 정도였으니까요.

비엔나 모임에서 카르납은 슐리크와 노이라트를 중재하는 역할을 많이 했습니다. 그런데 나중에 미국으로 건너오고부터는 언어를 논리적으로 분석하면 거기서부터 왜 과학 지식이 확고한 지식인가 하는 것에 대한 해답이 나올 것이라는 논리실증주의적 견해를 주장하기 시작합니다. 이는 여러 이유로 과학철학이 세계에 이바지해야 한다는 노이라트의 진취적 철학관을 버리고, 과학의 언어를 분석하는 지적 활동에 머물러야 한다는 슐리크의 온건한 보수주의적 철학관을 수용한 것이라고 볼 수 있습니다.

포퍼의 반증주의와 구획 기준의 문제

슐리크의 철학적 입장인 검증주의verificationism는, 우리가 특정 과학 이론을 받아들일 것인지 말 것인지를 판단하기 위해서는 경험적으로 그것이 무엇을 말하는지를 확실히 알 수 있어야 한다는 것입니다. 검증주의란 어떤 과학적 주장의 의미가 경험적으로 무엇을 함축하는지를 따져보는 것인데 이렇게 과학 이론의 의미를 경험으로 환원하는 것이 원리적으로 어려운 경우가 많다는 점을 여러 과학철학자들이 지적한 바가 있습니다.

예를 들어 '깨지기 쉬운fragile'이라는 개념을 슐리크의 검증 원리에 따라 분석해보겠습니다. 검증 원리에 충실하려면 이 '깨지기 쉬운'이라는 개념을 적용할 수 있는 경험적으로 필요충분한 조건을 제시해야 합니다. 그런 조건의 예로 '던졌을 때 깨져야 한다'라는 것을 제안할 수 있을 겁니다. 하지만 얼핏 보기에 그럴듯한 이 조건은 철학적으로 만족스럽지 못합니다. 왜냐하면 설사 던졌더라도 그 방향에 엄청나게 폭신한 베개가 있었다면 안 깨질 수 있기에 이를 충분조건이라고 할 수 없거든요. 이런 상황을 피하려면 던졌을 때 깨질 만한 환경에 있을 때 깨져야 한다는 식으로 말해야 합니다. 그럼 '깨지기 쉬운'이라는 용어를 정의하는 과정에서 '깨질 만한'이라는 또 다른 개념을 동원하는 셈이고, 이 '깨질 만한'이라는 용어를 잘 생각해보면 결국에는 '깨지기 쉬운'과 같은 문제에 봉착하게 될 수밖에 없습니다. 이런 개념을 경향성 개념dispositional concept이라고 하는데, 과학철학자들 사이에는 검증주의가 경향성 개념을 논리적으로 엄밀하게 분석하기 어렵다는 점에 대해 대체로 합의가 이루어져 있습니다. 그런데 과학은 이런 경향성 개념을 자주 사용하거든요. 결국 과학적 개념의 정당화에 검증주의의 잣대를 들이대는 것에 문제가 있다는 결론이 나오게 됩니다.

여기서 포퍼 과학철학의 탁월함이 등장합니다. 포퍼는 일단 과학 지식이 경험에 기반해야 하는 것은 맞다고 인정합니다. 하지만 경험에 기반하는 방식이 (논리실증주의가 얘기한 것처럼) 과학 지식의 의미를 논리적으로 완벽하게 경험으로 환원하는 것은 불가능하다고 결론짓습니다. 포퍼는 이로부터 과학 지식이 경험에 기반하긴 하지만 과학 지식의 참을 완벽하게 '보장'하는 방식으로 기반하기보다는, 어떤 지식이 참일 수 없는지를 경험적으로 완벽하게 가려낼 수 있다는 방식으로 기반한다고 주장합니다. 어떤 과학 이론이 참인지를 논리적·경험적으로 완벽하게 밝힐 수는 없지만, 어떤 이론이 거짓인지는 논리적으로 완벽하게 증명할 수 있다고 말한 셈이지요.

포퍼는 자기 잘난 맛에 살았던 사람입니다. 스스로 너무 똑똑하고 천재라고 생각했는데 유럽 학계에 자리를 못 잡고 당시에는 학문적으로 오지와 다름없는 뉴질랜드로 갔습니다. 기분이 안 좋았겠지요. 그래서 런던정경대에서 과학방법론 교수 제안이 오자 금방 자리를 옮겼습니다.

이때부터 포퍼는 축적된 경험을 통해 지식의 확실성을 높이려는 노력을 포기하라고 강조했습니다. 귀납을 통한 과학의 확실성 확보는 불가능하다는 생각에서였지요. 위대한 영국의 경험주의자 흄도

이 점을 지적했는데, 러셀Bertrand Russell의 이야기가 좀 더 재미있습니다. 엄청나게 똑똑하고 철학적인 칠면조가 있다고 해봅시다. 이 칠면조 주인의 먹이 주기 습관에 대해 엄밀한 경험적 관측을 수행합니다. 그 결과 주인이 눈이 오든, 비가 오든, 어떤 색깔의 옷을 입든 무조건 밥을 준다는 점을 수많은 경험을 통해 확인합니다. 귀납을 통해 '주인이 오면 밥을 준다'는 일반 명제를 확립한 것이지요. 칠면조는 자신이 이런 기특한 일을 했다는 사실에 만족해하며 잠이 드는데, 그다음 날에 주인이 와서 칠면조를 잡아 요리를 합니다. 다음 날이 추수감사절이었거든요.

요점은 이겁니다. 칠면조를 과학자로 비유해봅시다. 과학자들도 과학 연구를 완벽하게 수행하고도 여전히 잘못된 결론에 이를 수 있습니다. 실험을 완벽하게 하고, 데이터도 완벽하게 수집하고, 모든 경험적 증거를 완벽하게 분석해서 결론을 냈어도 추수감사절처럼 과학자가 결코 예상할 수도, 관측할 수도 없는 요인을 반영하지 못해서 틀릴 수 있다는 것입니다.

귀납이 형편없는 과학 방법론이라거나, 결론을 항상 잘못된 방향으로 이끈다는 이야기가 아닙니다. 흄은 귀납의 한계를 지적한 것이지 결코 귀납을 사용하지 말라고 주장한 적이 없습니다. 오히려 흄은 인간은 본성적으로 귀납을 하는 존재이기에 결코 귀납을 벗어날 수 없다고 생각했습니다. 포퍼도 이런 흄의 생각에 동의했습니다. 하지만 귀납을 과학 지식을 정당화하는 근거로 사용하면 안 된다고 생각했습니다. 귀납으로 확실한 과학적 지식을 만드는 것은 불가능하니까요. 경험을 통해 우리가 알 수 있는 것은 어떤 이론이 틀렸다는 사실뿐입니다. 그래서 포퍼는 틀린 이론들을 계속해서 제거하는 방식으로 과학을 하자고 얘기합니다.

당시에 포퍼의 이런 주장은 굉장히 충격적이었습니다. 대다수의 과학자들은 과학 연구를 통해 완벽하게 참된 진리까지는 아니더라도 진리에 가까운 어떤 것, 즉 근사적 참을 계속 발견할 수 있으리라 기대합니다. 그런데 포퍼의 주장은 단순히 과학 연구를 통해 완벽한 진리에 도달할 수 없다는 '겸손한' 이야기가 아닙니다. 경쟁하는 과학 이론 중에서 어떤 이론이 더 진리에 가깝다는 이야기조차 할 수 없다는 상당히 과격한 주장을 한 것이지요.

포퍼는 여기서 한 걸음 더 나아가 반증주의에 입각하여 과학과 과학이 아닌 것을 가르는 기준을 제시합니다. 포퍼 자신의 회고에 따르면 포퍼는 젊은 시절 심리학자 아들러의 제자였습니다. 그러던 포퍼가 아들러 심리학을 떠난 이유는 다소 역설적으로, 아들러 심리학이 설명하지 못하는 것이 없기 때문이었다고 합니다. 과학이라면 자신의 이론으로 설명할 수 없는 것과 있는 것을 분명하게 제시할 수 있어야 한다는 생각을 했던 것이지요. 즉, 자신의 이론이 맞는다면 경험적으로 이런 일이 일어나야 하고 이런 일은 일어나지 말아야 함을 분명하게 말할 수 있어야 과학이 될 수 있다는 것입니다. 어떤 상황이 발생해도 자신의 이론으로 모두 다 설명할 수 있다면 그것은 사이비 과학이지 제대로 된 과학이 아니라는 생각입니다.

예를 들어 연못에 어린아이가 빠졌다고 가정해보지요. 두 사람이 그 근처에 있었는데 한 사람은 연못에 들어가 아이를 구하고, 다른 한 사람은 그 자리에 그대로 있었습니다. 아들러 심리학은 이 두 사람의 행동을 다음과 같이 '열등감'이란 개념으로 모두 설명합니다. 구한 사람은 자신이 평소에 다른 사람보다 열등하다는 생각을 가지고 있었는데 이 아이를 구함으로써 열등감을 극복하려 했다고 설명합니다. 그에 비해 가만히 있던 사람은 자신은 아무것도 할 수 없다는 열등감에 짓눌려 뛰어들지 못했다고 설명합니다. 포퍼는 이렇게 서로 상반된 상황에 대해 얼마든지 설명해낼 수 있는 아들러 심리학의 '열등감' 개념은 비과학적이라고 판단합니다.

포퍼는 아들러 심리학의 비과학성을 아인슈타인 상대성이론의 과학성과 대조합니다. 포퍼는 아인슈타인의 일반상대성이론 대중 강연에 간 적이 있다고 합니다. 그는 이 강연에서 큰 감명을 받았다고 합니다. 무엇보다 아인슈타인이 자신의 이론을 활용하여 개기일식 때 별빛이 얼마만큼 휘게 될지를 계산한 후, 이 값이 관측을 통해 입증되지 않으면 자신이 틀렸음을 깨끗하게 인정하겠다고 선언한 데 큰 감명을 받은 것입니다. 아들러 심리학의 태도와 달리 자신의 이론이 틀릴 수 있는 경험적 상황을 분명하게 적시한 데 감동한 것입니다. 그래서 포퍼는 과학은 모든 것을 설명할 수 없을 때 과학적이라는, 다소 역설적으로 들리는 취지의 과학-비과학 구획 기준을 제시하게 됩니다.

반증주의의 한계

포퍼의 반증주의에는 한계가 있습니다. 그의 생각을 일관되게 밀고 나가면 어떤 과학 이론이 틀렸다고는 말할 수 있어도, 이론 A가 또 다른 이론 B보다 더 '좋은' 혹은 더 '참된' 이론이라고 말할 수는 없습니다. A가 B보다 이론적·경험적 검증을 더 잘 통과했다, 혹은 반증의 위협을 더 많이 이겨냈다고 말할 수는 있지만 이것이 인식론적으로 더 우월하다는 결론을 지지하지는 못하는 것이지요. 이런 포퍼의 생각이 이념적으로는 상당히 매력적이지만 실제 방법론으로 활용되기에는 여러 문제가 많습니다. 성공적으로 이루어진 과학 연구가 반증주의에 반하는 방식으로 진행된 경우가 허다하기 때문입니다.

실제 연구 과정에서 과학자들은 이론과 실험이 불일치한다고 해서 항상 이론을 포기하고 새로운 이론을 찾지는 않습니다. 상황에 따라 다른 결정을 내리게 되지요. 예를 들어 경험적 관측 결과와 어긋나는 이론이 이미 오랜 기간 수많은 검증을 통과하여 과학계에 널리 사용되던 이론이라고 가정해보지요. 그러면 과학자들은 일단 경험적 관측이 잘못되었을 가능성을 아주 엄정하게 따져봅니다. 만약 관측 결과에 아무런 문제가 없다는 점이 확실해지면 이론과 경험의 불일치는 아직 해결이 안 된 문제로 간주합니다. 이론에 대한 반증을 미루고 다른 가능성을 모색해보는 것이지요.

이렇게 반증을 미루고 이론과 관측 결과의 불일치를 '창의적' 방식으로 해결한 사례가 과학사에는 무수히 많이 있습니다. 가령 코페르니쿠스 이론이 맞는다면 지구의 공전 궤도의 서로 다른 지점에서 관측한 별의 위치가 살짝 달라야 합니다. 이 '연주 시차年周視差'를 티코 브라헤Tycho Brahe라는 당시 최고의 관측 천문학자가 발견하려고 노력했지만 발견하지 못했습니다. 이런 엄밀한 반증에도 불구하고 과학자들은 코페르니쿠스 체계를 간단하게 포기하지 않았습니다. 대신 그들은 코페르니쿠스 이론의 장점과 관측 결과 모두를 수용할 수 있는 절충적 관측 체계인 티코 브라헤 체계를 받아들였습니다.

더 극적인 예는 해왕성의 발견입니다. 천왕성의 궤도가 뉴턴 역학의 예측과 어긋난다는 사실은 19세기 중반에 너무나 분명해졌습니다. 하지만 절대 다수의 과학자들에게 뉴턴 역학을 포기한다는 것은 쉽지 않은 일이었습니다. 그래서 당대의 과학자들은 뉴턴 역학도 맞고 관측된 천왕성의 궤도도 맞으려면 어떤 추가적 가정(과학철학자들이 '보조가설'이라 부르는)을 해야 하는지를 고민하기 시작했습니다. 그래서 르브리에Urbain Le Verrier와 아담스John Adams라는 과학자가 태양만 천왕성을 끌어당기는 것이 아니라 천왕성 바깥에 여태까지 아무도 관측하지 못한 새로운 행성이 하나 더 있어서 이것도 천왕성 궤도에 영향을 준다면, 관측된 천왕성 궤도를 뉴턴 역학으로 깔끔하게 설명할 수 있다는 사실을 알아냈습니다. 그렇게 해서 찾아낸 행성이 해왕성입니다.

포퍼의 반증주의에 따르면 결코 과학적이지 않은 방식으로, 즉 반증에 직면하여 깨끗하게 이론을 포기하지 않고, 대신 보조가설을 동원하여 뉴턴 역학을 어떻게든 살리려고 노력한 결과로 이전까지 아무도 발견하지 못했던 새로운 행성을 발견하는 쾌거를 이룩한 것입니다. 이처럼 이론과 경험적 검증 결과가 일치하지 않을 때 과학자들은 포퍼의 반증주의가 요구하는 것과 달리 '선택'을 해야 합니다. 둘 중 어느 하나를 믿을 것인지, 아니면 둘 다 맞는다고 보고 창의적인 '보조가설'을 생각해내서 둘 사이의 불일치를 해소할지를 결정해야 합니다. 포퍼의 반증주의는 이럴 가능성을 고려하지 못하고 있습니다. 그런 의미로 포퍼의 원래 반증주의를 세련되지 못하다는 의미에서 '소박한 반증주의'라 부릅니다. 포퍼 이후의 반증주의에 대한 과학철학자들의 논의, 특히 라카토스와 파이어아벤트의 논의는 이런 소박한 반증주의를 넘어서 '세련된 반증주의'를 어떻게 정식화할 것인지에 초점이 맞추어져 있습니다.

03

과학철학 2
쿤에서 라투르까지

홍성욱

서울대학교 생명과학부 / 과학사 및 과학철학 협동과정 교수

비트겐슈타인과 포퍼

비트겐슈타인이 젊었을 때 저술한, 속설에 의하면 그가 철학을 다 끝냈다고 선언했던 책이 《논리철학논고》입니다. *Tractatus*라 불리는 책인데, 비트겐슈타인은 여기서 번호를 붙여서 7개의 명제proposition를 언급합니다. 7번은 딱 하나만 있고 다른 명제들에는 하위 숫자들이 계속 있습니다. 일곱 명제는 이렇습니다.

1. 세계는 일어나는 일들의 총체이다.
2. 일어나는 일, 즉 사실은 사태들의 존립이다.
3. 사실들의 논리적 그림이 사고다.
4, 사고는 뜻을 지닌 명제이다.

5. 명제는 요소 명제들의 진리 함수이다.
6. 진리 함수의 일반적 형식은 $[p^{bar}, \xi^{bar}, N(\xi^{bar})]$이다.
이것이 명제의 일반적 형식이다.
7. 말할 수 없는 것에 관해서는 우리는 침묵하지 않으면 안 된다.

이 책은 세상에 대한 우리의 이해가 명제로 이루어져 있고, 그 명제를 다시 기초적인 명제로 나누면 그것의 진위를 따질 수 있고, 따라서 우리가 명제를 통해 정확히 알 수 있는 영역과 잘 알 수 없는 영역을 나눠서 우리가 이해할 수 있는 부분에 총력을 기울이면 된다고 주장합니다. 즉, 우리가 이해할 수 있는 부분은 확실히 우리가 이해할 수 있다는 형태의 신념이 담겨 있는 책입니다. 비트겐슈타인은 이 책을 쓴 뒤 홀연히 사라져 시골마을에서 초등학교 선생님을 하다가 다시 나타나서 자기의 철학이 다 틀렸다고 주장했습니다. 그러고는 새로운 철학을 제시했습니다. 이 때문에 철학사에서는 비트겐슈타인을 전기 비트겐슈타인과 후기 비트겐슈타인으로 나눕니다.

비트겐슈타인은 평생 동안 100쪽 되는 책을 딱 한 권 썼습니다. 바로《논리철학논고》입니다. 다만, 케임브리지대학으로 돌아온 뒤에 많은 노트들을 남겼는데, 사망 후에 그의 강의를 들었던 친한 주변 사람들과 학생들이 노트를 묶어 책을 냅니다. 가장 먼저 나온 책이《철학적 탐구》인데, 이 책이 후기 비트겐슈타인을 대표합니다. 이외에도 수리철학에 대한 책이 있습니다. 노트는 3만 쪽을 넘길 정도로 많습니다. 가장 마지막에 한 강의는 확실성이라는 것에 대한 주제이고 그것도 최근에 책으로 나왔습니다.

비트겐슈타인은 수수께끼 같은 사람이었습니다. 그는 전기까지는 인간 지식의 확실성의 근거를 논리적 토대에서 찾을 수 있을 것이라는 신념을 가지고 작업했습니다. 그러나 후기 철학에서는 그 신념이 잘못됐다며 파기를 합니다. 대신, 우리가 합리성에 대한 토대 없이도 의사소통을 하고, 남이 느끼는 고통을 경험하지 못해도 어떻게 공감할 수 있는지의 문제로 되돌아갑니다.

> 철학자들이 어떤 하나의 낱말을 사용하며 지식, 존재, 대상, 자아, 명제, 이름을 사물의 본질을 파악하려 애쓸 때, 우리는 언제나 이렇게 자문해야만 한다. 즉, 대체 이 낱말은 자신의 고향인 언어 속에서 실제로 언제나 그렇게 사용되는가? 우리가 하는 일은 낱말들을 그것들의 형이상학적인 사용으로부터 그것들의 일상적인 사용으로 다시 돌려보내는 것이다. 어떤 낱말이 어떻게 기능하느냐는 추측될 수 있는 것이 아니다. 우리는 그 낱말의 적용을 주시하고, 그로부터 배워야 한다.
>
> 어떤 하나의 언어를 상상한다는 것은 어떤 하나의 삶의 양식을 상상하는 것이다.
>
> 여기서 "언어 놀이"란 낱말은 언어를 말한다는 것이 어떤 활동의 일부, 또는 삶의 양식의 일부임을 부각하고자 의도된 것이다.

그는 사람들이 어떤 생각을 가지고 그런 말을 쓰는지를 주의 깊게 관찰하고 배워야 한다고 했습니다. 이 글에서 삶의 양식form of life

이라는 개념이 중요한데, 그는 사람들이 이것을 공유하고 있기 때문에 소통할 수 있다고 했습니다. 비트겐슈타인은 삶의 양식을 정확히 정의한 적이 없기 때문에 논란이 많습니다. 그는 한 개념에 대해서 철학적 정의를 내리는 것이 큰 의미가 없다고 생각했기 때문에 그랬을지도 모릅니다. 언어 놀이란 말도 쓰는데, 이것은 언어를 말한다는 것은 어떤 활동의 일부, 또는 삶의 양식의 일부임을 부각하고자 의도된 것이었습니다.

철학적으로 엄밀한, 고정할 수 없는 논리적인 명제를 찾아서 확실성의 토대로 삼으려는 전반기의 시도에서부터 벗어나서 우리가 일상적으로 사용하고 있는 언어가 어떻게 사람들 사이의 소통을 매개할 수 있는가, 무엇이 의사소통을 가능하게 하는가를 철학적으로 규명하려 했던, 또 그것으로부터 규범성을 찾으려 했던 것이 그의 후기 작업이라고 볼 수 있습니다.

후기 비트겐슈타인의 논의를 간략히 정리해보면 《논리철학논고》에서 자신이 견지했던 토대주의에 대한 스스로의 작업을 부정했다고 할 수 있습니다. 확실해 보이는 지식이 있을 때 그 지식의 토대는 확고하지 않을 수 있다는 유명한 말도 했습니다. 과학도 확실해 보이지만, 그 토대가 어디에 있는지 의외로 확실하지 않은 경우가 많습니다. 또 그는 확고한 규칙rule을 정하는 것의 어려움을 지적했습니다. 우리가 규칙에 따라 무언가를 하는 것은 맞습니다. 법, 게임 등에서 일정한 규칙을 따르지만, 그 규칙을 정하는 규칙은 정확하지 않을 수 있습니다. 규칙을 만드는 데 있어 어느 단계에서는 합의

convention가 개입한다고 할 수 있습니다. 하지만 토대가 확실하지 않다고 해서 의사소통하지 못하는 것은 아닙니다.

마지막으로, 그는 우리가 언어를 비슷한 방식으로 배우는 데 주목했습니다. 어린 아이가 처음에는 오리와 백조를 구별하기 힘들지만, 점점 자랄수록 서로 다른 정의와 개념을 사용할 수는 있어도 오리와 백조를 구별하게 되면서 커뮤니케이션할 수 있게 됩니다. 비트겐슈타인이 남긴 말 중 하나는 우리가 다른 언어를 사용한다면 약간 다른 세상에서 살고 있다고 봐도 틀리지 않다는 것입니다. 우리가 같은 공간에 살더라도 조금씩 다른 언어로 세계를 묘사한다면 우리가 사는 세상이 조금 다르다고 말해도 좋다는 것입니다. 나중에 과학철학자 토머스 쿤Thomas Kuhn은 다른 패러다임을 쓰는 과학자는 서로 다른 과학 세계에 살고 있는 것이라 말했는데 쿤의 철학은 후기 비트겐슈타인과 일맥상통합니다.

지금부터는 토머스 쿤과 행위자 네트워크 이론ANT이라는 두 개의 큰 주제에 대해서 논하려 합니다. 쿤은 패러다임이라는 개념으로 유명한 과학자입니다. 다음 그림은 패러다임 전환에 대한 이야기가 나올 때 많이 나오는데, 조셉 재스트로Joseph Jastrow라는 심리학자가 처음 제시한 것입니다. 어떻게 보면 오리이지만, 어떻게 보면 토끼입니다. 오리의 주둥이는 토끼의 귀가 되기도 합니다. 서로 다른 세계에 살면 같은 것이라도 이렇게 다르게 볼 수 있습니다. 오리와 토끼를 동시에 볼 수 없기 때문입니다. 쿤은 이처럼 다른 패러다임을 가진 과학자들이 같은 현상을 다르게 인식한다고 봤습니다.

이전 장에서는 논리실증주의와 포퍼에 대해서 이야기했습니다. 포퍼는 입증이 아니라 반증이 과학의 핵심이라고 했습니다. 예를 들어, 뉴턴은 빛이 입자라고 주장했습니다. 빛이 입자면 빛의 속도는 공기보다 물에서 더 빠릅니다. 빛 입자는 일반 물질의 입자와 상호작용합니다. 그래서 물에 들어오면 물의 입자가 상호작용을 해서 빛이 꺾이고 빨라집니다. 그런데 뉴턴 때는 그것을 측정할 방법이 없었습니다. 그래서 간접적으로 증명했을 뿐 물속에서 실험하지 못하고 뉴턴의 말을 100여 년간 받아들입니다. 그런데 그 이후에 포퍼가 다시 실험을 했더니 물에서 더 느리다는 것을 발견했습니다. 그래서 빛의 입자론이 파기됩니다.

다시 말해, 뉴턴이 등장해서 빛이 입자라고 주장을 하면 그 주장이 유지됩니다. 그런데 나중에 이 주장이 파기되고 다른 과학자가 빛이 파동이라고 주장합니다. 그럼 이 주장이 또 계속 지속됩니다. 그러다가 또 다른 과학자가 빛은 입자라고 다시 주장하게 됩니다.

포퍼의 반증주의는 이것입니다. 도전적인 과학자가 나와서 도전

조셉 재스트로의 착시 그림

적인 주장을 던지면 반증되지 않는 한 지속됩니다. 그러다가 새로운 과학자가 새로운 주장을 하면 그것이 또 오랫동안 받아들여집니다. 《추측과 논박》이라는 자신의 책 제목처럼 포퍼는 대담하게 추측하고 그것을 논박함으로써 과학이 발전한다고 했습니다. 과학은 진리를 입증하는 것이 아니라는 것입니다. 그래서 과학을 열린 체계라고 했고, 그것을 사회 현상에 적용하기도 했습니다.

앞 장에서도 자세히 설명했지만, 포퍼의 반증주의의 문제는 역사적 사실을 잘 설명하지 못한다는 것이었습니다. 뉴턴 역학에 의하면 천왕성의 궤도가 어긋납니다. 이 문제는 뉴턴 역학을 폐기함으로써가 아니라, 해왕성이라는 다른 행성을 하나 상정함으로써 해결됩니다. 그런데 천왕성뿐만이 아니라 수성의 근일점의 운동도 설명이 되지 않습니다. 그래서 사람들은 태양과 수성 사이에 우리가 찾지 못한 또 다른 행성이 있다고 믿기 시작했습니다. 이 행성에 벌컨Vulcan이라는 이름도 붙였습니다. 그 행성이 있을 위치를 계산해서 계속 망원경으로 관찰했습니다. 그러나 찾지 못했습니다. 수성의 궤도는 후에 아인슈타인의 일반상대성이론으로 설명되었습니다. 뉴턴 역학이 틀렸던 것이지만, 사람들이 버리지 못했던 것입니다.

이렇듯 포퍼의 과학철학의 한계는 실제 과학과 잘 맞지 않는다는 것입니다. 포퍼는 과학자가 아니었고 학부 수준에서 과학을 이해했던 사람이었기 때문이지요. 그래도 과학자들은 포퍼를 좋아합니다. 포퍼의 논의에서 과학자들이 영웅처럼 등장하기 때문입니다. 대담한 가설을 제기하고 도전하는 과정이 그려지기 때문에 포퍼를 좋아하지만, 실제 과학은 그렇지 않습니다.

토머스 쿤의 《과학혁명의 구조》와 과학의 패러다임

이제 쿤으로 넘어가 보겠습니다. 쿤의 《과학혁명의 구조》는 1962년에 출판된 책입니다. 11만 회 이상 인용되어, 20세기에 출판된 책 중 가장 많이 인용된 책으로 꼽히지요. 노벨상을 받은 논문이 5000회 정도 인용된다는 것을 생각하면 엄청난 횟수입니다. 쿤은 '철학적 목적을 위해 역사로 전환한 물리학자'라고 불립니다. 쿤은 하버드대 물리학과에 진학했는데 첫 물리 수업에서 C를 받았다고 합니다. 충격을 받은 쿤은 교수에게 유명한 물리학자 중에 강의에서 C를 받은 사람이 있었냐고 물어봤을 정도였다고 합니다. 나중에는 어떻게 성적을 잘 받을 수 있는지 연구를 해서 최우등 졸업을 했지요.

쿤은 3년 만에 졸업을 하고 전쟁 연구에 참가합니다. 통신과 관련된 연구를 하고 전장에도 투입됩니다. 파리가 독일군에 함락되어 있을 때 투입된 적도 있는데, 에펠탑에 올라가서 통신설비를 설치하는 일을 담당했던 두 사람 중 한 명이었습니다. 상당히 위험한 일이었지만, 쿤은 임무를 재밌게 수행했다고 합니다.

군 생활이 끝난 뒤 미국으로 돌아와서 물리학 박사과정을 밟습니다. 철학, 역사도 아닌 물리학 박사입니다. 쿤은 철학과에서 개설되는 과목에 대해서 아무런 흥미를 갖지 못했다고 회고했습니다. 역사에는 더더욱 흥미가 없었다고 합니다. 한때 철학과로 전과할까 고민했지만, 철학과와 너무 안 맞아서 그냥 물리학과에서 이론물리학 박사학위를 받습니다. 〈피지컬 리뷰Physical Review〉라는 물리학계에서 인정받는 저널에 논문도 씁니다. 물리학자를 했어도 잘 했을 것으로 보이지만, 그는 과학의 본성이 무엇인가에 대해 고민했기 때문에 더 이상 물리학을 하지 않게 되지요.

1948년, 쿤은 아리스토텔레스의 원전을 읽다가 선광과도 같은 깨달음을 얻게 됩니다. 그가 제임스 코넌트James Conant라는 하버드 총장이 만드는 교재의 편집을 맡았을 때였지요. 아리스토텔레스의 정치학, 논리학, 윤리학은 2000년이 지난 지금도 읽힙니다. 그런데 아리스토텔레스의 물리학 책에는 아주 엉터리 같은 말만 있습니다. 쿤은 정치학, 윤리학 같은 분야에서는 아직까지도 그 혜안을 인정받는 아리스토텔레스가 왜 물리학에 대해서만 헛소리만을 나열하고 있을까에 대해 의문을 가지게 됩니다. 그러다 어느 날 그 의문이 해소됩니다. 아리스토텔레스가 물리학 책에서 운동이라는 말을 쓰는데 그 운동이 우리가 사용하는 운동과 다른 개념이라는 것을 깨닫게 된 것입니다. 이후 아리스토텔레스 물리학의 모든 것이 이해되기 시작됐다는 것입니다. 우리는 운동을 한 지점에서 다른 지점까지의 거리 운동이라고 보지만, 아리스토텔레스는 (질적인) 변화라고 본 것입니다. 변화에는 원인이 필요하지만 운동에는 원인이 필요하지 않지요. 그런데 아리스토텔레스에게는 운동이 시작될 때도, 진행될 때도 원인이 필요합니다. 나무가 자라는 것도, 아이가 자라는 것도, 포탄이 날아오는 것도 모두 운동으로 불렀기 때문이지요. 비트겐슈타인이 우리가 다른 언어를 사용하면 다른 세계에 살고 있는 거라고 한 것처럼 쿤도 이 비슷한 것을 느꼈던 겁니다.

운동을 이렇게 이해하면 일반상대성이론은 뉴턴보다는 오히려 아리스토텔레스와 더 가깝습니다. 아리스토텔레스는 사물이 떨어지는 이유는 고유의 위치를 찾기 위해서라고 보았습니다. 사과가 왜 떨어지냐면, 지구가 있기 때문에 지구 주변의 공간이 휘어지고 그 휘어진 공간을 따라 사과가 운동한다는 게 일반상대성이론입니다. 그래서 오히려 뉴턴보다 아인슈타인과 더 가깝습니다. 쿤은 이렇게 그들의 세상은 우리가 이해하는 방식과는 다른 방식으로 짜여 있다고 깨닫게 됩니다.

쿤은 하버드에서 테뉴어(종신 교수직)를 못 받습니다. 굉장히 속상했겠지요. 그래서 캘리포니아대학교(UC 버클리)로 갔는데 거기서 한 사회과학자가 여는 세미나에 참석합니다. 쿤이 참석했던 세미나에서는 사회과학의 주제에 대해서 토론이 벌어지고 있었습니다. 한 사람이 발표를 했는데 다른 사람이 그 말에 동의하지 않는다며 토론이 진행되는 모습을 봅니다. 그리고 사회과학에서는 이것이 자연스러운 토론이라는 이야기를 듣습니다.

물리학에서는 이런 일이 없습니다. 누군가 원자물리학에 대해서 발표했을 때 또 다른 과학자가 원자 개념에 대해서 동의하지 않는다고 이야기할 수 있을까요? 과학자가 사용한 모델이나 측정 방법에는 이의제기를 할 수 있어도 근본적인 것에는 의문을 표하지 않습니다. 하지만 사회과학에서는 근본적인 개념에 대해서도 질문을 던지지요.

이를 통해 쿤은 자연과학계에서만 공유하는 무언가가 있다는 것을 알게 됐습니다. 자연과학계에서는 근본적인 것에 동의가 되어 있기 때문에 근본적인 질문을 던지지 않고 더 디테일한 것을 이야기하게 되지요. 쿤은 그것을 패러다임이라고 인식하게 되었고, 바로 《과학혁명의 구조》(1962)라는 책을 쓰게 됩니다. 과학자가 패러다임을 수용해서 이를 공유하게 되면 패러다임에 대해서는 질문을 하지 않고, 이론과 실험을 맞춰가는 것 같은 작업을 계속한다는 것이 이 책의 주된 내용입니다.

쿤은 정상과학(이미 합의된 패러다임 위에서 이루어지는 연구)이 시작된 다음에 변칙, 위기가 생긴다고 했습니다. 그러면 기존 패러다임과 경쟁하는 패러다임이 등장해서 패러다임이 두 개 이상 생기는데 이 시기가 과학혁명의 시기이고, 결국 그중 하나가 받아들여지게 된다는 것입니다. 이 시기에서 과거의 패러다임과 새로운 패러다임 사이에는 공약불가능성incommensurability이 존재합니다. 이것이 중요한 통찰인데 공약불가능성은 '어느 것이 더 우수한지 합리적으로 판단이 불가능하다'라는 말입니다. 합리적이라는 것은 실험이나 수학 논리를 모두 동원해도 판단할 수 없다는 것이 쿤의 주장입니다. 예를 들어 과거의 패러다임은 상당히 많은 것을 설명했지만 한두 개를 설명하지 못합니다. 그런데 새로운 패러다임이 그 한두 개를 설명하지만 과거의 패러다임만큼 풍부한 설명력을 가질지는 불분명합니다.

이렇게 과거의, 그리고 새로운 패러다임이 대립하는 순간에 무엇을 택할까요. 대부분은 몇 가지 변칙들은 별것 아닌 것으로 생각하고 과거의 패러다임에 머무릅니다. 과거의 패러다임에 투자한 것이 많기 때문입니다. 그러면 누가 새로운 패러다임을 택할까요. 쿤은 과거의 패러다임에 투자한 것이 상대적으로 적은 젊은 사람들과 학계 주변부 사람들이 택한다고 합니다. 과학의 중심에 있었고, 업적을 많이 남긴 과학자들은 오래된 패러다임에 있습니다. 하지만 이들이 죽고 새로운 과학자 세대가 부상하면서 새로운 패러다임도 부상하게 됩니다. 이것이 쿤의 통찰입니다. 패러다임 두 개가 경쟁하고, 이 경쟁이 끝난 뒤에 새로운 패러다임이 발전한 뒤에는 당연히 새로운 패러다임이 낫다고 보지만, 이 둘이 대립하고 있을 때는 공약불가능하다는 것입니다. 이때 새로운 패러다임으로 넘어가는 일은 충격적이고, 비합리적인 개종 같은 것입니다.

포퍼는 과학의 합리성을 주장했기 때문에 과학이 비합리적이라고 말한 쿤을 미워했습니다. 실제로, 포퍼는 쿤의 정상과학이 과학에 대한 모독이라고 이야기하기도 했습니다. 또 쿤이 과학을 군중심리학의 차원으로 끌어내렸다고도 했습니다. 그런데 이것이 쿤의 핵심입니다. 오래된 패러다임에 머무르는 사람들은 새로운 패러다임으로 넘어오지 못한다는 것입니다.

쿤의 통찰력은 이렇습니다. 과거의 패러다임과 새로운 패러다임은 왜 공약불가능한가. 먼저 과거의 패러다임은 비교적 잘 작동해왔고 많은 문제를 해결해냈습니다. 한두 가지 문제를 해결하지 못할 뿐이지요. 새로운 패러다임은 한두 가지 문제를 해결하지만, 숱한 문제를 해결할지 알 수 없습니다. 그렇기 때문에 이 둘을 합리적으로 비교해 우위를 가릴 수 없습니다.

두 번째로 왜 과학자들이 새로운 패러다임을 선택하기 힘들까요? 그것은 기존 패러다임이 이룩한 거의 모든 것을 버려야 하기 때문입니다. 쿤의 논의에서 패러다임이 의미하는 것은 하나의 이론이 아니라 가설, 법칙, 실험 등의 연구 활동 총체를 의미합니다. 일종의 가치체계, 가치의 네트워크에 해당되는 것이지요.

세 번째, 그렇다면 누가, 왜 새로운 패러다임을 선택하는가에 대해서는 과거의 패러다임에 투자한 것이 상대적으로 적은 젊은 사람들과 주변부 사람들이 택한다고 말했습니다. 패러다임은 자연적인 대상이 아닙니다. 사람이 만든 것이며, 하나의 모델에 가깝습니다. 그 모델이 처음에는 굉장히 잘 만들어졌기 때문에 사람들이 따릅니다.

과학은 쿤에 의해서 굉장히 인간적이고 사회적인 성격을 가지게 됐습니다. 쿤은 패러다임을 나 자신만 가지고 있는 것이 아니라 과학자 사회가 공유하고 있다고 보았습니다. 과학 지식의 진보를 비유하면 피라미드를 쌓는 것이 아니라, 마치 진화의 가지가 갈라져 뻗어나가는 것입니다. 어떤 종의 가지는 멸종하고, 어떤 종의 가지는 계속 뻗어나가는데 두 가지 중 후자가 꼭 뛰어나서 그런 것이 아니라는 것입니다. 그냥 환경이 더 살아남기 좋았을 뿐이지요.

한때 파충류가 지구를 지배한 적이 있습니다. 기온이 높아 살기 좋았지만, 지구에 운석이 떨어지면서 추워지고 설치류, 포유류가 세상을 지배하게 됩니다. 파충류가 포유류보다 열등해서가 아니라 환경이 그렇게 만들었던 것이지요. 이와 비슷하게, 과학의 어떠한 가지가 뻗어나가더라도 쿤은 이것이 진보라고 볼 수 없다고 했습니다. 이것에 대해 비판자들은 과학이 진보를 알아보기 가장 쉬운 분야인데 과학이 진보한 것이 아니라면 무엇이 진보한 것이냐고 반문하기도 합니다.

인간-비인간의 네트워크를 확장하는 과학

다음으로 ANT(행위자 네트워크 이론)에 대해서 말씀드리겠습니다. 쿤은 이론가로서 과학을 이론 체계로 봤던 사람입니다. 쿤 자신은 물리학자였고, 상대성이론, 양자물리학 같은 과학혁명을 경험했습니다. 과학은 실험이 중요하지만, 쿤은 당시 이론과학이 유행할 때 자랐던 사람이기 때문에 과학과 기술을 완벽히 나눴습니다. 과학에는 패러다임이 있지만, 기술에는 없다고 했습니다. 쿤은 실험기구 같은 것을 언급하긴 했지만, 이론적인 것에 훨씬 더 큰 관심을 가졌던 사람입니다.

하지만 대부분의 과학자는 실험을 합니다. 변호사와 과학자의 차이는 과학자에게는 실험실laboratory이 있다는 것입니다. 핵무기 정책에 대해서 모든 사람이 왈가왈부할 수 있지만, 플루토늄을 만질 수 있는 사람은 과학자밖에 없습니다. 일반인이 만지면 폭발할 수도 있고, 피폭할 수 있지요. 과학자는 실험실 안에서 세상을 조작하고 이해를 합니다. 실험실의 역사는 꽤 오래됐지만, 고대까지는 올라가지 않습니다. 그것이 16~17세기 연금술에서 시작됐습니다. 17세기의 과학혁명을 주도했던 과학자 로버트 보일Robert Boyle은 드니 파팽Denis

Papin이라는, 실험을 위한 조수도 두고 있었습니다. 이 조수는 나중에 공기펌프를 만들어서 증기기관의 선구자가 됩니다.

실험실 중에는 정말 거대한 것들도 많이 있습니다. 중력파로 노벨상을 탔던 킵 손Kip Thorne을 비롯한 과학자들은 LIGO(레이저 간섭계 중력파 관측소)에서 업적을 이룰 수 있었지요. 이 실험실의 규모는 시작에서 끝까지 4킬로미터입니다. 정확도를 높이기 위해 똑같은 연구소를 하나 더 짓기도 했지요. LIGO 안은 인간이 만들 수 있는 최대한의 진공으로 만들어져 있고, 모든 불필요한 진동과 간섭들이 제거되어 있습니다. 지구의 떨림, 낮밤, 계절, 우주선의 영향 등 모든 잡다한 것을 제거해서 남은 순수한 것이 중력파입니다. 이것을 만드는 데 1조원이 들었습니다. 이렇게 거대한 실험설비로는 유럽입자물리연구소CERN가 지은 LHCLarge Hadron Collider, 즉 대형 강입자 충돌기도 있습니다.

파스퇴르Louis Pasteur는 실험실에서 세균을 인간에 유용한 방식으로 길들여 백신을 발명했습니다. 토끼의 신경을 말려서 거기에 세균을 놓으니까 세균이 조금 얌전해졌고, 이것을 사람의 몸에 주입하면 백신이 되는 것이지요. 지금은 백신이 없으면 사는 데 불편합니다. 파스퇴르가 세균을 우리에게 의미 있는 것으로 만든 것이지요.

쿤을 계승한 사람들 중에 일군의 사회구성주의자들은 모든 과학은 다 사회적으로 구성됐다는 급진적인 주장을 했습니다. 그런데 브뤼노 라투르는 여기에 '그래서'라는 질문을 합니다. '과학이 사회적으로 구성돼서 무엇이 달라지는가?' 급진적인 사회구성주의자는 나사NASA(미국 항공우주국)에서 달을 보내는 것과 아프리카에서 달을 보고 비는 것이 같다고 과격한 주장을 하는데, 라투르는 이런 관점이 왜 나사는 거대한 힘을 가지고 있고 아프리카 부족은 힘이 없는지를 설명하지 못한다고 비판합니다. 라투르의 ANT의 출발은 '왜 과학이 권력을 가지는가'라는 질문입니다.

그의 답은 바로 실험실입니다. 라투르는 실험실이 비인간과 만나는 곳이라고 했습니다. 실험실에서 비인간과 인간 사이의 새로운 동맹을 만들어낸다는 것이 라투르가 생각하는 과학의 핵심입니다. 그래서 테크노사이언스가 힘을 가지고 있다는 것입니다. 과학은 비인간을 인간에게 의미 있는 존재로 만듭니다. 그리고 우리가 과학기술이라고 부르는 것들은 사실 복잡하고 이질적인 네트워크이고, 이 복잡한 네트워크가 하나의 인공물, 논문으로 확 축약되는 것을 블랙박스화black-boxing라고 합니다. 그런데 이 많은 네트워크들은 그물망처럼 일정한 것이 아니라 개중에 핵심적인 마디node가 있습니다. 그 마디는 힘을 가지고 있어 계산의 중심이라고 부르고, 그 계산의 중심을 획득하는 것이 과학 네트워크에서 힘을 얻는 방법입니다. 예를 들어 표준을 장악한다던가 하는 것이 있습니다. 그래서 21세기 민주주의의 큰 과제는 이렇게 눈에 잘 보이지 않는 테크노사이언스의 권력을 민주적으로 배분하는 것이라는 주장이 ANT의 논의입니다.

지금까지의 논의는 과학철학적인 논의에서 과학의 권력으로 건너뛴 감이 있습니다. 맞습니다. 라투르가 말하려고 했던 것이 바로 이것입니다. 왜 현대 과학이 다른 자연관에 비해서 훨씬 더 큰 힘을 가지고 있는지를 쿤은 설명하지 못한다는 것입니다. 라투르는 그것을 설명하는 새로운 시각을 제시한 것입니다. 그것의 핵심은 비인간이라는 존재입니다. 과학은 비인간을 인간에게 의미 있게 하는 활동이고, 이 활동은 거의 대부분 실험실에서 일어나며, 그렇게 만들어진 비인간-인간의 동맹 관계는 우리의 사회를 과학화하는 데 사용되고, 그것이 많아질수록 실험실 안에서의 과학이 더 힘을 가진다는 것입니다. 문제는 보통 사람들은 이 모든 과정을 이해할 수도 없고 이에 접근할 수도 없습니다. 실험실은 굉장히 민주적이지만 닫혀 있고, 어디서 어떤 연구가 진행되고 있는지 알 수 없습니다. 또 공개가 된다 하더라도 실험실 안에서 일어나는 것들 중 공개되지 않은 것들이 더 많습니다. 그래서 이것을 이해하고 공개하는 것이 과학기술에 대한 시민참여입니다. 이에 대해서는 에필로그에서 다시 논의하려 합니다.

2부

우주의 시작, 문명의 여정

04 수학과 문명 | 김홍종 |

05 천문학, 우주와 물질의 시작과 끝 | 이명현 |

06 생명과학, 유전자 재조합에서 유전자 가위까지 | 송기원 |

07 뇌과학과 신경법학 | 송민령 |

04

수학과 문명

김홍종
서울대학교 수리과학부 교수

문명文明이라는 단어에는 여러 가지 의미가 있는데, 그중에는 '어리석음에서 벗어나 지혜로워진다'는 것이 있습니다. 수학數學에서 배울 학學 앞의 '수數'는 '사물의 이치'를 의미합니다. 문명과 수학은 그 의미만으로도 밀접한 관계가 있습니다.

우리말에서 '수'를 의미하는 '셈'에는 사고하는 과정이 담겨 있습니다. 윤동주의 시 "별 헤는 밤"이나 가수 이미자의 노랫말 "헤일 수 없이 수많은 밤을 기다리는 동백아가씨"에서 볼 수 있듯이 '헤아림'이라는 단어와 '셈'은 어원이 다르지 않습니다. 셈을 의미하는 영어의 count에도 '사려 깊이 생각한다'는 의미가 담겨 있고, 이는 불어, 독어, 그리스어에서도 마찬가지로 확인할 수 있습니다. 태초의 말씀인 '로고스'는 보편적인 법칙이나 이성, 말을 의미하기도 하는데, 이 단어는 원래 '수를 센다'는 의미를 가진 단어에서 유래했습니다(《철학의 탄생》, 콘스탄틴 밤바카스). 이렇게 셈이라는 것은 합리적인 사고, 헤아림과 관련이 깊은 단어입니다.

오늘날 마테마틱스라는 단어는 그리스어로 배움이나 학문을 의미하는 단어인 마테마mathema에서 유래했는데, 이 학문의 분과로는 산술, 기하, 천문, 음악이 있었습니다. 별의 이름을 짓는 천문天文은 지문地文(오늘날의 지리학), 인문人文 등과 함께 대표적인 문학으로 출발했습니다. 피타고라스는 음악뿐 아니라 많은 곳에서 하모니를 궁극적인 목표로 삼았습니다. 하모니, 즉 조화는 철학, 종교, 사회, 예술, 과학, 법학, 수학 등 모든 분야에서 추구하는 것이기도 합니다. 수학은 사물의 이치와 조화를 탐구하는 학문으로 인류의 문명 발전에 큰 역할을 했고, 현재에도 그러하지만, 앞으로도 인류의 미래를 이끌어갈 학문입니다.

셈과 역사

수학의 입장에서는 문명이 셈의 역사라 해도 과언이 아닙니다. 문명의 역사를 보면 셈법의 발전에 따라 사회도 비슷한 속도로 발전해왔음을 알 수 있습니다. 물질로는 잘 드러나지 않지만 셈을 하는 방법은 오랜 역사 동안 꾸준히 발전해왔습니다. 대표적인 보기로 날짜를 들 수 있습니다. 날짜가 없다면, 나이를 어떻게 세고, 생일 파티는 어떻게 할 수 있을까요? 또 봉급은 어느 날에 지급할까요?

수학의 대표적인 분야인 기하는 원래 땅을 측량한다는 의미입니다. 이것이 발전해서 하늘, 별, 강, 바다 등 많은 것을 관측하고 측량하게 되었습니다. 제단이나 건축물을 만들고, 땅을 일구고, 세금을 걷기 위해서는 여러 측량 기술이 필요했고, 이때 도량형은 모든 측량의 기본이었습니다. 고대 이집트 벽화에서 발견된 '줄을 당기는 사람'은 이런 기준을 정하는 모습을 잘 보여줍니다. 이후 줄은 자와 컴퍼스로 발전했습니다.

자와 컴퍼스 이 둘은 고대 중국에서도 큰 역할을 했습니다. 중국을 처음으로 통일했던 진시황도 단순한 땅의 통일이 아니라 도량형의 통일이 사회 통합에 매우 중요하다는 것을 잘 알고 있었습니다. 중국의 신화에는 복희와 여와가 천지를 창조했다고 하는데, 이들이 자와 컴퍼스를 들고 있는 그림이 7세기 아스타나 고분에서 발견되었습니다. 자를 의미하는 구[矩]는 법을 의미하고, 컴퍼스를 뜻하는 규規도 규정, 규칙, 규율처럼 법을 의미합니다.

인간은 하늘을 관측함으로써 시간을 알고, 언제 씨를 뿌리고 추수를 해야 할지 알 수 있었습니다. 고대 이집트에서는 남쪽 하늘에 시리우스 별이 나타나면 곧 나일강이 범람할 것을 알고 피난을 가기도 했습니다. 높은 오벨리스크나 조그만 막대기 하나의 그림자로는 시각과 계절을 파악할 수 있고, 일 년 동안의 날 수를 셀 수도 있었습니다. 또한 하늘을 관측하면 자신이 위치한 곳의 위도도 알 수 있습니다.

문제는 셈을 하려면 수의 이름과 수를 나타내는 기호가 필요하다는 것이었습니다. 하지만 점점 더 큰 수에 대응하는 이름을 짓고 고유한 기호를 도입하는 것은 쉬운 일이 아니었고, 이 문제는 수천 년 동안 해결되지 못했습니다.

메소포타미아나 이집트에서는 육십진법을 썼습니다. 육십진법은 하늘을 관측한 결과 일 년이 열두 달, 삼백육십 일이라는 것을 설명하기 위해 도입된 셈법이라 할 수 있습니다. 메소포타미아에서는 육십진법을 사용했기 때문에 '곱하기 10'을 하는 것도 난이도가 높은 문제였습니다. 그 지역에서 발견된 점토판 중에는 곱하기 10을 하는 수표數表도 있습니다. 육십진법은 십진법과 십이진법의 공통 진법이라고도 할 수 있는데, 중국에서도 열 개의 천간과 열두 개의 지지를 사용한 육십진법을 오랫동안 사용했습니다. 한국도 20세기 중반까지는 달력에 표현된 날수에 육십진법이 들어 있었습니다. 물론 지금도 한 시간은 육십 분이고 일 분은 육십 초입니다.

과거 중국에서는 하나, 둘 등을 표현하기 위해 막대를 가로 또는 세로로 나열하였고, 고대 로마에서도 막대를 세워서 수를 표현했습니다. 하지만 이 방법들 모두 큰 수를 표현하는 데에는 실패했습니다. 수를 표현하는 좋은 방법이 나타나기 전까지는 셈의 발달은 아주 더뎠습니다.

8~9세기에 활동하였던 페르시아의 수학자 알 콰리즈미Al-Khwarizmi의 이름은 오늘날 알고리즘algorithm이라는 단어의 어원이 되었습니다. 그는 주판을 사용하지 않고, 인도 숫자를 이용하여 필산筆算하는 방법에 관한 책을 썼고, 이 책이 유럽으로 전해지면서 후에 인도-아라비아 숫자가 널리 쓰이게 되었습니다. 숫자의 발명으로 셈이 수월

해져 과거에 할 수 없던 셈도 할 수 있게 된 것입니다.

1보다 작은 수를 나타내기 위해서 소수점이 사용된 것은 16세기 이후입니다. 중세 암흑기에는 셈법에 별다른 발전이 없었는데, 르네상스 시기가 되자 소수점과 십진법이 등장했습니다. 처음에는 소수점 대신 동그라미를 그려 나타냈습니다. 단순한 점 하나가 수많은 수를 나타내는 큰 역할을 한 것입니다. 17세기 초에는 로그법이 발견되었습니다. 로그법은 곱셈을 덧셈으로 바꾸는 획기적인 기술로 $\log(xy)$는 $\log x+\log y$로 표현됩니다.

숫자, 즉 수를 나타내는 기호나 미분법, 로그법 등은 모두 '압축하는 기술'의 보기들입니다. 인류 정신세계의 발전은 이른바 압축기술에 크게 의존합니다. 좋은 언어를 가지고 있으면 더 깊은 사고를 할 수 있는 것과 마찬가지입니다. 로그법의 발견은 17세기 천문학과 항해술의 발전에 크게 기여했습니다. 행성의 운동에 관한 케플러의 제3법칙도 로그를 들여다보면 쉽게 추측할 수 있습니다. 의사들은 약을 처방하기 위해서 환자들의 피부 면적을 알고 싶어 하고 이를 키와 몸무게로부터 추정할 수 있는데, 이 또한 로그를 통하여 알 수 있습니다.

정밀한 사진 촬영이나 그림 파일, 동영상을 빠르게 다운로드받을 수 있는 것도 모두 압축기술의 덕택입니다. 백 개의 점으로 이루어진 아주 조그만 흑백 그림을 생각해봅시다. 이 그림은 각 점들이 흰 점(1)인지 검은 점(0)인지로 구분할 수 있습니다. 그러므로 가능한 그림의 모든 종류는 2의 100제곱으로, 이 수는 1 뒤에 0이 30개

붙어 있는 수보다도 큰 수입니다. 디지털 통신을 개발한 초창기에는 그림 전송을 위하여 각 점들의 상태를 보냈습니다만, 시간이 오래 걸린다는 이유로 사람들은 기다리지 않았고, 비용도 많이 들었습니다. 그러나 이제는 각 점들의 상태를 전송하지 않고, 점들의 상태가 변하는 곳만을 전송합니다.

17세기에 x가 등장하면서 본격적으로 한 층위 높은 언어 개념이 쓰이기 시작했습니다. 옛날에는 '2+3' 등을 설명하기 위해 구체적인 보기를 들어 설명했습니다. 고대 이집트의 파피루스나 고대 중국의 수학 서적을 보면 모두 요리책처럼 구체적인 보기들로 가득 차 있습니다. 그러나 데카르트의 등장 이후에는 '2+3=3+2'라고 하지 않고, '$x+y=y+x$'라고 하기 시작했습니다.

이어서 자연의 법칙을 서술하는 언어들이 생기고 근대 과학이 본격적으로 발전합니다. 물물교환이 화폐의 교환으로 바뀐 것도 마찬가지입니다. 이처럼 인류의 의식이 성장하는 과정에는 압축기술이 개입되어 있습니다.

대상과 관계

많은 학문들은 쉽게 말해 사람과 사람 사이, 사람과 동물 사이, 생물과 자연 사이 등 다양한 형태의 관계를 설명합니다. 수학 또한 개체만을 다룬다기보다 이들 사이의 관계를 설명하는 학문이라 할 수 있습니다. 수학에서 다루는 관계 중 대표적인 것으로는 세 가지가 있습니다.

첫째는 같음, 즉 등호=로 표현하는 관계입니다. 등호의 좌우에는 서로 다르게 보이는 것이 놓입니다. 예를 들어, 물리학에서 물질의 에너지는 그 질량에 빛의 속도의 제곱을 곱한 것과 같습니다. 에너지는 형체는 없지만 그것이 다른 무언가와 같다는 말입니다. 등호가 의미하는 것은 마치 고대 이집트 신전이나 그리스 아폴로 신전에 있는 '너 자신을 알라'는 경구처럼 정체성identity에 관한 것입니다.

인류 역사상 중요한 발견은 대부분 등호로 표현됩니다. 다르다고 생각한 것이 사실은 같다는 뜻입니다. 고대 그리스의 수학자 유클리드가 쓴 《원리Elements》의 10개명 중 제1명제는 '무엇이 같은가'를 설명합니다. 많은 사람들이 수학을 이성의 학문, 합리적인 사고를 하는 학문이라고 생각하지만, 오히려 (이성을 넘어선) '감성의 학문'이라고 할 수 있습니다. 수학의 대가들은 한결같이 영감을 가장 중요하게 생각했습니다. 어떤 대가는 "우리는 시인이다"라고 말하면서, 시인의 재질才質이 없으면 수학을 할 수 없다고 했습니다. 수학이 사용하는 용어에도 굉장히 많은 은유가 들어 있습니다.

두 번째로 중요한 관계는 순서입니다. 민주주의라는 정치 체제도 투표가 뒷받침되어야 하는데, 투표란 서로 다른 개인의 선호들을 모아 집단의 의견을 정하기 위한 제도입니다. 순서를 설명하는 대표적인 것이 자연수입니다. 우리는 자연수를 활용해 법 조항의 순서를 매기고, 사전을 찾기도 하며 집 주소나 휴대전화 번호를 나누어 가집니다.

세 번째는 함수입니다. 함수는 대상과 대상을 연결하는 기능을 합니다. 기계나 인공지능 등은 모두 함수로 표현할 수 있습니다. 이러한 여러 가지 관계를 잘 설명할 수 있는 방법이 19세기 말부터 개발된 집합론입니다. 20세기의 디지털 혁명도 집합론의 발전에서 나타났다고 할 수 있습니다. 집합은 동아리와 비슷한 개념입니다. 예를 들어 학교마다 동아리가 있다고 하면 각 학교의 동아리가 연합하여 전국 동아리 협회를 만들 수 있습니다. 또 각 국가의 동아리들이 모여 국제적인 동아리를 만들기도 합니다. 그러면서 개체라는 것은 사라지고 집단이 큰 역할을 합니다. 동아리나 동아리들의 모임을 수학에서는 집합이라고 합니다.

그러나 무한히 많은 집합들을 들여다보는 순간, 그동안 수학이 주장했던 많은 곳에서 모순이 발견되기 시작했습니다. 수학은 정직한 학문이라고만 생각했는데, 무한을 들여다보는 순간 모순이 드러난 것입니다.

집합론의 창시자라 할 수 있는 칸토어Georg Cantor는 어떤 두 집합도 그들의 크기를 비교할 수 있다고 생각했고, 또 어떤 집합도 그보다 더 큰 집합이 있다는 것을 설명했습니다. 하나, 둘, 셋 등의 자연수 전체 집합이라는 무한집합보다도 더 큰 새로운 무한집합이 있고, 그 새로운 무한집합보다도 더 큰 무한집합이 있으며, 이런 무한의 종류가 무한히 많다는 것을 잘 설명했습니다. 그러나 모든 집합을 다 모은 집합, 즉 '절대자'보다도 더 큰 집합이 있느냐는 질문에 대해서는 아무런 답을 할 수 없었습니다. 또 다른 모순의 보기로는 러셀Bertrand Russell의 역설이라는 것으로 다음과 같은 질문을 뜻합니다.

"'나는 스스로를 존경하지 않는 사람만을 존경한다'고 주장하는 사람은 자기 자신을 존경하는가?"

학자들은 어디서 모순이 생기는지를 처음으로 진지하게 고민했습니다. 논리가 무엇이고, 언어가 무엇이고, 어떤 기호가 필요한지 연구했습니다.

현대 수학은 마치 패스트푸드처럼 압축되어 있어 한 개념이 발전하기 위해 얼마나 많은 사람들이 고민해왔는지 이해하기 어렵습니다. 예전에는 학교에서 이진법, 오진법 등 수를 표현하는 방법이 다양하다는 것을 가르쳤는데, 지금은 이런 교육을 하지 않으니 대부분 십진법이 진리인 것처럼 알고 있습니다.

이진법은 여러 분야에서 활용되고 있습니다. 이진법은 디지털 기기는 물론 음악과도 관련이 있습니다. 예전의 음반 형태인 LP에는 홈이 있어서 그 진동을 증폭해서 스피커로 듣곤 했는데, 지금은 모두 디지털화되어 주파수를 이용한 기법으로 음악을 듣습니다. 이 방법은 1800년대 나폴레옹이 프랑스를 지배하던 무렵에 푸리에Joseph Fourier라는 수학자가 개발한 것으로, 오늘날의 디지털 음원을 만드는 데 큰 역할을 했습니다.

고대 수학자들은 하늘의 별을 지도에 그리는 방법에 관해 고심했고, 그 결과로 사인, 코사인 등의 삼각함수를 발명했습니다. 삼각함수는 후에 응용되어 전기나 자기뿐 아니라 디지털 음원에도 사용됩니다. 푸리에 해석은 피아노 건반 속 망치가 왜 현의 7분의 1 위치를 때리도록 만들어야 더 아름다운 소리가 나는지를 설명할 수도 있습니다.

스페인 바르셀로나에 있는 가우디Antoni Gaudí의 성당Sagrada Família을 방문할 기회가 있었는데, 성당의 동그라미 창문들이 삼각형을 이루고 있었습니다. 그 문양은 피타고라스학파의 상징인 사성도四性道(tetractys)와 같은데, 가우디가 이를 알고 있었는지 궁금했습니다. 그런데 기념품 가게에서 가우디가 "나는 기하학자이다. 그러므로 나는 통찰한다"라고 말한 문구를 발견했습니다. 사성도는 산술, 기하, 천문, 음악을 상징하고, 지수화풍(땅 · 물 · 불 · 바람)을 상징하기도 합니다. 음악에서는 화음을 설명하는 데 쓰이기도 합니다.

바티칸성당에 있는 라파엘로의 유명한 벽화 "아테네 학당"에는 플라톤과 아리스토텔레스, 소크라테스 등 고대의 성인들이 많이 등장하는데, 맨 앞에는 피타고라스가 있고, 그 옆에는 화음을 설명하는 사성도가 그려진 석판을 든 제자를 볼 수 있습니다. 1:2는 한 옥타브를 뜻하고, 도음과 솔음의 비인 2:3, 즉 음양의 비는 완전 5도 화음을 뜻합니다. 또 솔음과 높은 도음의 비인 3:4는 완전 4도 화음을

가우디 성당의 사성도

뜻하고, 4:5는 도음과 미음의 화음을 뜻합니다. 또 5:6은 미음과 솔음의 비를 뜻합니다. 피타고라스학파는 이런 자연수들의 비가 화음을 잘 설명하지만, 7배음은 화음으로 적합하지 않다고 생각했습니다. 오늘날 유행하는 도레미파솔라시 또는 그 확장인 십이음계에도 7배음은 등장하지 않습니다(김홍종, 《문명, 수학의 필하모니》). 푸리에 해석은 피아노 건반 속의 망치가 현의 7분의 1 위치를 두드리면, 불협화음인 7배음이 나타나지 않는 까닭을 잘 설명합니다.

대칭

열세 권으로 된 유클리드의 《원리》는 마지막 권에서 정다면체를 다루고, 그 앞 권에서는 각뿔, 원기둥, 피라미드 등을 설명합니다. 바이러스나 원시적인 생물들은 대부분 다면체의 모습을 하고 있습니다. 예를 들어 폐렴 등을 일으키는 아데노바이러스는 정이십면체 모양을 띱니다.

수학에서는 변화 속에서 변하지 않는 것을 대칭성이라 말합니다. 정육면체는 뒤집어도 정육면체입니다. 스페인의 알람브라 궁전에 가면 벽에 많은 문양들이 있는데, 평면에 사방연속인 문양을 만드는 방법은 본질적으로 열일곱 가지밖에 없습니다. 화학자들이 크리스털을 구조를 이해하거나 신소재를 개발할 때에도 대칭성은 중요한 역할을 합니다. 현대 물리학이 발전하면서 소립자나 물질의 본질을 이해하려고 노력한 결과, 결국은 '비물질'인 대칭성이 더욱 본질임을 알게 되었습니다. 나무의 가지들이 일정한 각도로 생기고, 꽃들이 일정한 꽃잎 수를 가지고 있듯, 학자들은 대칭성이 매우 중요하다는 것을 파악하기 시작했습니다. 유클리드가 설명한 다면체는 3차원 공간에 있는 모든 이산 대칭을 설명하므로 그의 저서를《원소》라고 불러도 좋겠습니다. 이러한 대칭성은 위에서 말한 수학의 세 번째 관계인 '함수'와 관련이 있습니다.

축구공 모양 다면체의 한 꼭짓점에는 육각형 두 개와 오각형 한 개가 붙어 있습니다. 육각형만 있으면 평평해지지만 오각형이 있어서 비로소 공 모양이 됩니다. 오각형의 한 내각은 육각형의 내각보다 12도가 부족한데 이 부족한 각들이 모여 둥근 공을 만듭니다. 축구공의 꼭짓점 수는 모두 60개입니다. 각 꼭짓점에서 12도씩이 부족하므로 부족한 각도의 총합은 12×60, 즉 720도가 됩니다. 데카르트는 어떤 볼록 다면체든지 꼭짓점마다 부족한 각을 모두 더하면 720도가 된다는 것을 발견했는데, 이 원리를 '곡률 불변의 법칙'이라고 합니다. 겉으로는 다면체가 다 다른 것으로만 보이지만, '에너지 보

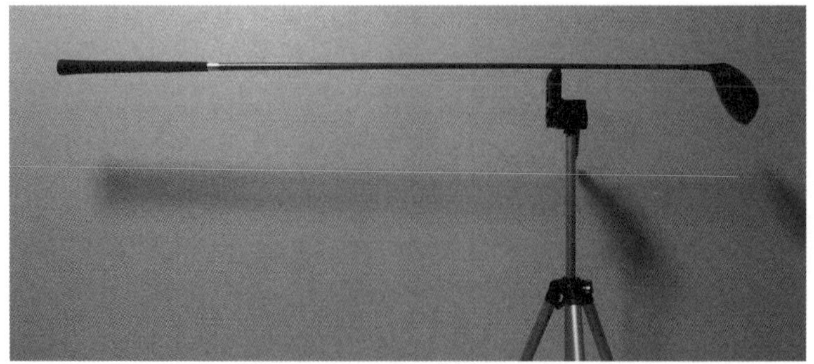

골프채의 평형점

존의 법칙'처럼 변하지 않는 성질이 있습니다.

대칭 개념에는 우리가 잘 아는 '지렛대의 원리'도 포함됩니다. 아래 그림처럼 삼발이에 골프채를 눕혀 수평을 이루도록 놓아보았습니다. 이때 삼발이가 있는 평형점에서 골프채를 잘라 두 조각으로 만든다면 머리 쪽이 무거울까요, 손잡이 쪽이 더 무거울까요? 아르키메데스는 지렛대의 원리를 설명하면서 무거운 것이 가까이 있고 가벼운 것이 멀리 있으면 평형, 즉 조화를 이룬다고 말했습니다. 평형의 원리는 모든 곳에 적용됩니다. 뉴턴의 중력법칙에서도 무게중심, 즉 평형을 이루는 점의 위치를 알아야 물체 사이의 거리를 알 수 있습니다. 열역학 제2법칙에서 설명하는 엔트로피 증가의 개념도 평형을 이루기 위해서 생기는 현상이라 할 수 있습니다. 그러한 의미에서 지렛대의 원리야말로 최고의 원리라고 말할 수 있습니다.

지렛대의 원리는 'M:m=d:D'라는 식으로 설명됩니다. 이 식은 아주 흥미 있는데, 왼쪽은 질량의 비, 오른쪽은 거리의 비를 나타내므로 등호의 좌변과 우변은 서로 완전히 다른 개념입니다. 그런데도

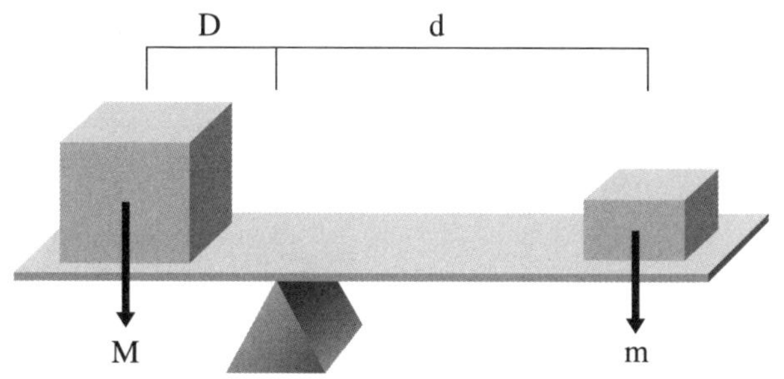

지렛대의 원리

이들이 같습니다. 또다시 '다르게 보이는 것이 실은 하나'임을 알 수 있습니다.

공측성과 수학의 위기

고대 수학자들은 모든 동질의 양에는 공측성公測性(commensurability)이 있다고 생각했습니다. 내 키와 기둥의 높이를 비교한다면, 자를 잘 만들어 키와 기둥의 높이를 각각 자의 길이의 자연수 배로 나타낼 수 있다고 생각했습니다. 이러한 생각을 통해 다각형의 넓이를 재는 방법을 설명하고, 나아가 땅의 넓이, 피라미드의 부피를 재는 방법을 설명했습니다. 무게도 마찬가지입니다. 내 몸무게와 뒤뜰에 있는 돼지의 몸무게를 비교하면, 돌멩이를 잘 구하여 나의 몸무게와 돼지의 몸무게를 모두 자연수로 표현할 수 있다고 생각했습니다. 고대에는 해와 달도 공통 주기가 있어서 언젠가는 다시 처음 위치로 돌아온다고 여겼습니다. 여러 행성들이 일렬로 서는 순간이 온다는 믿음도 공측성에 따른 것입니다. 공측성은 한동안 그리스 철학을 지배했지만 후에 이것이 틀렸다는 것을 알게 되었습니다.

수학의 역사를 보면 크게 세 번의 위기가 있었는데, 그중 첫 번째가 무리수無理數가 등장하면서 공측성이 부정된 사건입니다. 무리수는 말 그대로 합리적인 방법으로 설명할 수 없는 수입니다. 무리수는 몇 대 몇, 즉 자연수의 비로 나타낼 수 없습니다. A4, B5 등의 용지는 가로, 세로의 비가 모두 무리수인 $1:\sqrt{2}$입니다. 이 비율일 때 가장 효율적인 복사용지를 만들 수 있습니다. 후에 17세기가 되어 $\sqrt{2}$

는 음악에 도입되었습니다. 이를 자연수로 된 순정률과 비교해 평균율이라 부릅니다. 지렛대의 원리를 설명한 아르키메데스도 모든 비를 자연수로 표현할 수 없다는 것을 잘 알고 있었습니다.

수학사의 두 번째 위기는 뉴턴과 라이프니츠 시대의 미적분학 발견과 함께 찾아왔습니다. 0이 아니면서도 무한히 작은 양수나, 무한히 짧은 시간 동안의 변화나 변화율 등은 합리적으로 설명하기 어려웠습니다. 처음에는 많은 사람들이 '0 나누기 0' 같은 비논리적인 미적분학을 매우 비난했습니다. 미적분학은 그 뒤 100~200년이 지나서야 완성되었다고 할 수 있습니다.

세 번째 위기는 인간이 무한의 영역을 건드리면서 발견된 모순들 때문에 발생했습니다. 이러한 논리적 문제를 해결하기 위해서 20세기 초의 수학자들은 많은 고민을 했습니다. 모순을 극복하는 과정에

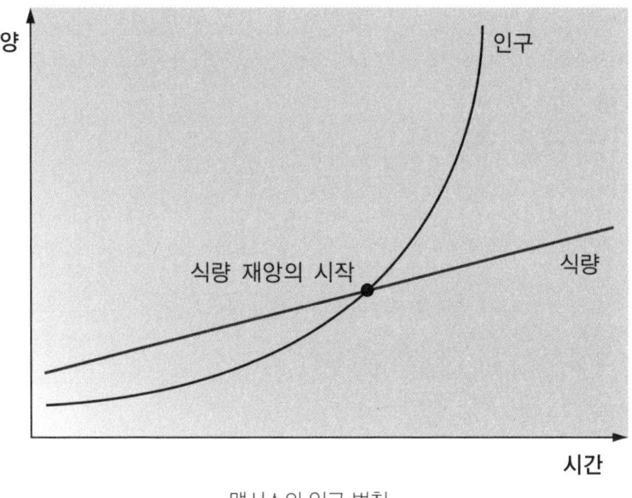

맬서스의 인구 법칙

서 인공 언어가 개발되었고 인공지능 등의 개념이 탄생했습니다. 그리고 이는 다시 자연 언어에 대한 이해를 더욱 높여주었습니다.

인구학자 맬서스Thomas Malthus의 인구 증가와 식량에 관한 그래프를 보면, 식량은 산술적으로 늘어나지만 인구는 기하급수적으로 늘어나는 모습을 볼 수 있습니다. 이 모형은 오늘날에는 조금 변형되어 적용되지만 방사능 붕괴나 열전도, 오래된 유물의 연대 측정 등 물질세계에서는 여전히 잘 적용됩니다. 전염병의 확산, 물체의 낙하속도, 중력의 법칙 등도 다양한 함수로 나타낼 수 있습니다.

함수는 일상생활에서도 유용합니다. 놀이공원에서 롤러코스터를 만들 때, 처음에는 곡선 설계를 잘못하여 목 디스크 환자가 많이 생겼습니다. 마찬가지로 교량도 곡선과 직선이 만나는 곳에서 곡률이 연속적으로 변하지 않으면 붕괴하기 쉽습니다. 곡률은 힘을 설명하므로 곡률이 불연속한 곳은 불필요한 힘을 받는 원인이 되는 것입니다.

기계

기계의 작동 원리도 함수로 설명할 수 있습니다. 기계는 감정이 없어 냉정하지만, 누구에게나 공평하게 작동합니다. 기계가 가져야 할 속성 중에는 작업의 시작과 종료가 있습니다. 예를 들어 자판기에서 커피 한 잔을 뽑는다고 합시다. 사용자가 동전을 넣고 원하는 선택을 하면, 기계가 작동하기 시작합니다. 컵을 먼저 떨어뜨리고 커피를 내립니다. 거스름돈이 필요하면 내어 놓습니다. 이런 일련의 과정이 나름대로 질서 있게 진행돼야 합니다. 그래서 좋은 기계에는 오류가 없습니다.

예를 들면 5층에서 현관으로 내려가기 위해 버튼을 눌렀을 때, 올라오는 엘리베이터가 5층에 서지 않고, 10층으로 먼저 가서 사람을 태우고 내려오는 것도 알고리즘이라는 함수에 의한 것입니다. 엘리베이터를 쇠로 만들 것인지, 나무로 만들 것인지가 본질이 아니라 작동하는 원리가 더 중요한데, 이것이 모두 함수로 표현됩니다.

20세기 초반 영국의 튜링Alan Turing이 설명한 기계 중에서 가장 대단한 것은 '보편 기계'입니다. 특수한 목적이 있어 임무를 완수, 종료하는 대부분의 기계와 달리, 튜링의 기계는 특수한 목적이 없다고 말할 수 있습니다. 특별한 요구가 없으면 이 기계는 아무 일도 하지 않습니다. 다만, 사용자가 원하는 것이 있다면 무엇이든 그 일을 수행합니다. '저는 당신이 원하는 것은 다 할 수 있다'는 듯이, 채팅을 원하면 채팅창을 열어주고, 음악을 듣고 싶다면 들려주고, 영화를 보고 싶다면 보여줍니다. 이것이 오늘날 우리와 공존하는 컴퓨터이고, 인공지능입니다.

셈

셈법이 발전하면서 1과 2처럼 이산離散적인 것뿐 아니라 연속적인 수까지 셈을 할 수 있게 되었습니다. 오늘날 미적분학을 의미하는 calculus는 원래 돌멩이를 말하는 단어였습니다. 고대에는 돌멩이를 활용해 셈을 한 데에서 유래했습니다. 고대 문명이 있기 전에는 수를 어떻게 표현할까 고민하면서 숫자를 적는 방법이 발전했습니다.

이후 기원전 3세기에 유클리드는 공간을 설명했습니다. 그는 점과 직선은 평면을 이루고, 평면과 직선은 한 점에서 만난다는 등 여러 이야기를 했습니다. 중세 화가들은 이 원리를 심각하게 받아들였습니다. 도화지는 평면이고 화가가 바라보는 시선은 직선이기에, 사실대로 그리기 위해서는 유클리드의 기하학이 필요했습니다. 르네상스 시대 이탈리아의 화가인 알베르티Leon Battista Alberti는 체계적인 미술 이론서인 《회화론De pictura》을 썼는데, 그중 1권이 유클리드 기하학에 관한 것이었습니다. 중세의 화가들은 원근법을 개발했고, 이는 다시 기하학의 발전에 큰 역할을 했습니다. 19세기 중반에 리만Bernhard Riemann은 공간과 양자에 대하여 설명했고, 이를 바탕으로 상대성이론이 나와, 인류는 시공간의 세계에 한층 더 가까이 하게 되었습니다.

공평한 분배

20세기 들어 수학이 사회에 크게 공헌한 것 중 하나는 바로 '공평한 분배법'입니다. 수리사회학자들은 서로 싸우지 않고 공평하게 나누어 가지는 방법을 많이 연구했습니다. 여러 자손이 조상에게서 물려받은 커다란 땅이 있다면, 어떻게 나누는 것이 공평할까요? 각자가 생각하는 공평의 기준이나 선호도가 다를 수 있기 때문에 공평하게 나누는 것은 쉬운 일이 아닙니다. 하지만 공평하다는 것이 '각자의 기준으로 자신이 배당받는 몫이 1/n 이상이다'를 의미한다는 것에 동의하면 공평하게 나눌 수 있는 방법이 있습니다(물론 가장 큰 문제는 사람들이 어리석게도 공평하게 나누기를 원하지 않는다는 것입니다). 공평한 분배법은 굉장히 중요한 발견입니다. 처음에는 두 사람 또는 세 사람에 대한 방법이 발견되었지만 이제는 다수에게 적용할 수 있는 방법이 고안되었습니다. 또한 분배를 마친 후 각자 자신이 가장 많이 배당받았다고 느끼게 되는 놀라운 알고리즘까지 발견되었습니다.

마치며

앞에서 문명이란 어리석음에서 벗어나 지혜로워지는 것이라 말했습니다. 사람이 공부를 해야 하는 까닭은 그것을 통하여 영감을 받을 수 있기 때문입니다. 높은 곳에 오르면 알 수 있는 것처럼 공부는 할수록 멀리 그리고 넓게 볼 수 있게 해줍니다. 인류 최초의 교육자라 할 수 있는 피타고라스는 학생들을 받아 가르침을 전할 때에도 '마음의 정화'와 '조화'를 가장 중요시했습니다. 그래야만 비로소 학문, 즉 수학의 세계에 들어올 수 있다고 말했습니다. 오늘날의 수학은 여전히 인류가 어리석음에서 벗어나 지혜로워지는 데 큰 역할을 하고 있습니다.

05

천문학, 우주와 물질의 시작과 끝

이명현
과학책방 갈다 대표

빅뱅우주론

빅뱅우주론을 다루고 물질의 탄생에 대한 논의를 하기 전에 상대성이론에 대해 살펴보겠습니다. 빅뱅우주론이라는 것은 지금 우주가 어떻게 변화하고 있는지에 대한 표준 우주론으로 다른 말로 팽창우주론, 상대론적 우주론이라고도 합니다. 우주가 팽창한다고 보기 때문에 팽창우주론이라고 하는 것이고, 시공간 자체가 팽창한다고 보는 것은, 즉 시간과 공간이 조건에 따라 변화할 수 있다고 보는 것이기에 빅뱅우주론을 상대론적 우주론이라고도 하는 것입니다. 빅뱅우주론을 다루려면 팽창이라는 개념을 말해야 하고, 이를 위해서는 시공간이 변화할 수 있음을 살펴보아야 하고, 이를 설명하기 위해서는 상대성이론도 살펴보아야 합니다.

상대성이론은 수학이라는 약속된 언어로 응용된 굉장히 기술적인 대상이기 때문에 이해하기 쉽지 않습니다. 수학적 언어를 잘 모르면 전혀 이해하지 못할 것입니다. 그리고 여전히 고전 과학에 속하는 대상이기도 합니다. 양자역학은 현대 과학이고, 상대성이론을 고전 과학으로 보는데, 이는 우리가 직관적으로 이해할 수 있는 영역을 고전 과학의 영역으로 정의할 때의 기준입니다.

1921년에 아인슈타인이 노벨물리학상 수상자로 선정된 이유는 상대성이론이 아닌 광전효과에 있었습니다. 그의 논문 세 편이 1905년에 출판되는데, 각각 특수상대성이론, 브라운운동, 광전효과에 관한 논문들입니다. 특히 광전효과는 양자역학은 물론 현대 모든 전자기기를 출현하게 만든 이론입니다. 양자역학의 효시가 되는 것이 이 광전효과지요. 아인슈타인은 이 이론이 그렇게 중요한지 처음에는 인지하지 못했습니다.

일반상대성이론과 특수상대성이론의 차이는, 일반상대성이론이 보편적 현상에 대한 것이고, 특수상대성이론은 그중 특수한 경우에 적용된다고 보는 데 있습니다. 그래서 특수이론을 토이 이론이라고 부르기도 합니다. 제한적으로 적용된다는 뜻입니다. 뉴턴의 만유인력 법칙을 대체하는 중력이론은 일반상대성이론입니다. 여기에서 '특수'는 등속이라는 것을 가정했다는 것입니다. 현대의 모든 물체는 가속과 감속을 반복합니다. 그래서 등속은 거의 불가능합니다. 엄밀하게 따지면 우주에 등속하는 물체는 거의 없습니다. 그래도 찾다 보면 등속에 가까운 것이 있는데, 우주선이 우주로 진입하면 등속운동을 하게 됩니다. 그래서 등속을 가정한 것은 특수상대성이론입니다. 아인슈타인은 특수상대성이론을 이야기한 지 10년의 세월이 흐른 뒤 일반상대성이론을 발표합니다.

우리가 사는 세상에는 중력이 있습니다. 그리고 모든 것들이 중력에 의해서 작동을 합니다. 중력이라는 개념은 등속을 가정하면 없어집니다. F=ma라는 공식에서 F는 힘, m은 질량, a는 중력가속도입니다. 지구 표면에 있는 것은 1그램의 힘을 받고 있는데, 우주선은 3~4배 중력을 받는다고 합니다. 가속을 받으면 받을수록 중력이 커지기 때문입니다. 그래서 가속을 해서 중력을 발생시키는 중력 발생 장치가 있기도 합니다. 이렇듯, 일반상대성이론은 중력에 대한 이론입니다. 특수상대성이론은 여기서 감속과 가속을 빼고 등속을 가정해서 중력이 없습니다. 그래서 실제 상황에 적용하기는 어렵습니다. 그런데 비교적 단순하므로 증명하기는 쉽습니다. 과학자는 모든 것을 단순하게 만든 후에 복잡한 경우를 생각하려 합니다. 농장을 운영하는 농장 주인이 물리학자에게 양에 대해서 연구를 해달라 부탁했는데, 물리학자가 양을 동그란 원이라고 가정한다는 농담이 있을 정도입니다.

상대성이론

이론의 이름이 상대성이론이지만, 아인슈타인은 정작 상대성이라는 말을 싫어했습니다. 그보다는 '빛의 속도의 절대성 운동'이라고 불렀습니다. 상대성이론이 나오기 전에는 물리학의 기본 법칙은 뉴턴의 만유인력 법칙이었습니다. 뉴턴의 법칙에서 중요한 것은 가감의 법칙입니다. 모든 물체의 속도를 더할 수 있다는 것입니다. 예를 들어 달리는 기차에서 사람이 같은 방향으로 뛰면 사람의 속도와 기차의 속도를 더하면 됩니다. 마찬가지로 달리는 기차에서 랜턴을 켜면 빛의 속도와 기차 속도를 더해야 합니다. 그런데 가감의 법칙에 빛만 성립이 안 됐습니다. 그래서 물리학자들이 빛은 왜 가감의 법칙이 성립하지 않는 것인지 궁금해했습니다. 그때까지는 우리의 관측 기술이 부족해서 그렇다고 생각했습니다. 마이컬슨Albert Michelson이라는 사람이 굉장히 정밀한 기구를 만들어 실험했음에도 빛은 가감의 법칙을 적용받지 않는 것을 알게 되었습니다. 마이컬슨은 가감의 법칙이 적용될 것이라고 생각하고 이 기구를 만들었는데, 거꾸로 빛에 대해서는 성립이 안 된다는 것을 발견해서 노벨상을 받았습니다. 지금도 빛에는 가감의 법칙이 적용되지 않는다고 보고 있습니다.

아인슈타인은 가감의 개념이 빛에만 성립이 안 된다는 생각을 토대로 공식을 만들었습니다. 빛이라는 것은 어떤 상황에서도 가감의 법칙이 성립하지 않기 때문에, 어떤 상황에서 빛을 측정해도 빛의 속도는 똑같다고 했습니다. 이후 이 공식은 광속 불변의 법칙이라고 불립니다. 법칙이라 부르기는 하지만, 하나의 가정인 것입니다. 빛의 속도를 고정하기 위해서는 세상의 공간, 시간이 절대적이라고 가정한 것을 없애버려야 합니다. 즉, 그 전에는 빛의 속도가 변화한다고 보고, 시공간을 불변하는 상수로 놓았는데, 아인슈타인은 빛의 속도를 상수로 놓은 것이지요. 사람들이 그 이유를 물어보니 아인슈타인이 원래 그렇다고 대답했다고 합니다. 우리 우주는 원래 그렇다고 대답을 합니다. 빛의 속도는 중요한 상수가 되고, 시공간이 변한다고 보는 것이 상대성이론이라고 볼 수 있습니다.

아인슈타인은 사고실험을 많이 했는데, 그가 만든 상대성이론을 깨는 방법은 굉장히 간단합니다. 지금까지는 상대성이론에 어긋나는 것이 하나도 없었지만, 빛의 속도로 날아가는 어떤 것을 발견하거나, 빛의 속도보다 더 빠른 것을 발견하면 그날로 상대성이론은 무너집니다. 스위스의 유럽입자물리연구소에 강입자 충돌기라는 도구가 있습니다. 이 가속기로 입자가 충돌되는 순간에 입자가 튕겨 나오는 속도를 측정했는데, 이때 이 속도가 빛의 속도보다 더 빠르다는 결과가 나왔습니다. 알고 보니 측정 케이블이 불량이었습니다. 결국 지금까지 밝혀진 것에 의하면 빛의 속도는 어디서든 같습니다.

시간과 공간의 상대성

시간과 공간의 상대화라는 것이 있고, 시공간의 신축성이라는 개념이 있습니다. 뉴턴 역학에서 중력은 서로 다른 A와 B가 서로 끌어당기는 힘을 가리킵니다. 이 중력은 전파되는 속도가 무한대입니다. 그런데 무한대라는 것은 직관적으로 이해하기 힘듭니다. 하늘의 별이 무한대의 중력을 가지게 되면 하늘이 벌써 무너졌어야 했는데 그러지 않았습니다. 또 시공간이 절대적이려면, 절대적이라는 것을 말할 수 있는 우주의 중심을 알아야 합니다. 그런데 사람들은 갈릴레오 때부터 절대적인 것, 동시적이라는 개념이 없다는 것을 알아차리기 시작했습니다. 예를 들어 어디에선가 소리가 나면 가까이 있는 사람은 빨리 듣지만, 멀리 있는 사람은 늦게 듣기 때문에 그 소리가 언제 났는지 확실하게 말할 수 없습니다. 이렇게 동시적, 절대적인 것이 없다는 것을 이미 사람들은 알고 있었습니다.

시간과 공간의 탄력성이라는 개념도 있습니다. 빛의 속도 더하기 기차의 속도는 빛의 속도이고, 빛의 속도 빼기 기차의 속도도 빛의 속도여서, 빛의 속도를 상수로 놓기 위해서는 기차의 속도가 달라져야 합니다. 속도가 빠르면 빠를수록 물체의 길이는 줄어듭니다. 제가 기차에서 달리면 달릴수록 제 몸의 넓이가 줄어들고, 시간도 천천히 갑니다. 그래서 상대방의 속도가 빠르면 빠를수록 길이는 줄고, 시간은 천천히 가며, 질량은 증가합니다. 빛의 속도로 가면 시간의 간격이 무한대로 가서 시간이라는 개념이 소멸됩니다. 즉, 빛의 속도에 도달하는 순간 시간이 소멸하기 때문에 빛의 속도에 도달하는 순간 우리가 사는 세상이 더 이상 아니게 됩니다. 길이도 0이 되어 2차원이 됩니다. 이런 생각들을 아인슈타인이 했고, 이를 증명을 하기 위한 실험들을 해서 모두 성공을 합니다. 벨기에의 화가 마그리트René Magritte가 앞얼굴과 뒤통수를 함께 그린 그림도 아인슈타인의 영향을 받아서 그린 것이라고 합니다.

과학자들은 시간과 공간의 탄력성을 측정하기 위해서 빨리 달리는 것, 즉 비행기에 시계를 놓았습니다. 1970년대에 이 실험을 하였는데, 실제로 시간이 천천히 갔다는 것을 밝혔습니다. 길이도 쟀습니다. 기차가 지나는 길에 막대를 세우고, 달리는 기차가 막대를 지나는 처음과 끝을 재보았더니 그 길이가 줄어들었음을 볼 수 있었습니다. 빛의 속도에 가깝게 달리면 1초가 3시간으로 늘어납니다. 일상에서는 별로 차이가 나지 않지만 우주여행이 활성화되면 우주여행을 많이 한 사람과 지상에 사는 사람과는 나이가 다를 수 있게 되겠지요. 공간의 탄력성은 기차의 길이를 재는 것입니다. 100미터 길이의 기차가 시속 300킬로미터로 달리면 1조분의 4밀리미터가 줄어든다고 합니다.

일반상대성이론은 가속과 감속 개념이 있어서 중력이 있습니다. 이는 세상에 바로 적용할 수 있는 보편 이론입니다. 중요한 것은 뉴턴은 시공간이 절대적이고 불변하다고 했는데, 아인슈타인은 주변 공간이 변한다고 했습니다. 가속과 감속이 있으면 중력도 달라져서, 중력이 크면 시간이 천천히 흐르고 길이가 줄어듭니다. 그래서 중력이 강한 곳에 가면 시간이 천천히 가므로 영생할 수 있다고 하는 것입니다. 그래서 아인슈타인은 어떤 존재가 있으면 그것의 질량의 크기와 분포에 의해서 공간이 휜다고 했습니다. 반면 뉴턴은 공간이 불변한다고 했기 때문에 둘이 다릅니다.

그래서 일반상대성이론에서는 끌어당기는 힘을 상정하지 않았기 때문에 역학이라는 말을 쓰지 않습니다. 대신 곡률이라는 말을 쓰는데, 곡률은 기하학에서 많이 쓰는 용어입니다. 깊이 파질수록 중력이 큰 것이고, 질량이 큰 물체의 주변으로 가면 빠르게 그 휘어진 구멍으로 굴러떨어지게 됩니다. 이것을 원래는 인력에 의해 빨리 간다고 했는데, 아인슈타인은 구멍으로 굴러떨어진다고 하면서 끌어당기는 힘의 개념을 없앴습니다.

이를 다른 과학자가 검증했습니다. 빛이라는 것은 최단거리를 직선으로 나아갑니다. 뉴턴에 의하면 편평한 곳에서 최단거리를 가고, 아인슈타인에 의하면 휘어진 공간을 지나서 최단거리를 갈 것입니다. 뉴턴에 의하면 천체가 있는데, 그것을 가리는 게 있으면 그 천체가 보이지 않게 됩니다. 그런데 아인슈타인에 의하면 굴절돼서 보이는데, 이것을 중력 렌즈 효과라고 합니다.

이 검증은 1919년에 개기일식이 있었을 때, 에딩턴Arthur Eddington이 관측을 했습니다. 태양이 없는 밤하늘에서 찍은 별들의 위치와 6개월 이후 개기일식 때 별들의 위치를 사진을 찍어서 비교했습니다. 그러면 태양에 의해 주변이 휘었으므로 별의 위치가 달라질 것입니다. 실제로 해보니 가까이 있는 것은 차이가 많이 나고, 멀리 있는 것은 차이가 별로 나지 않았습니다. 그 차이는 아인슈타인이 관측한

굴절된 천체
(중력 렌즈 효과)

만큼 수치가 나왔습니다. 이후 아인슈타인은 유명인이 됩니다. 아인슈타인은 독일인이고, 뉴턴은 영국인이어서, 영국 신문에서 독일이 영국을 무너뜨렸다는 식으로 기사가 쓰이기도 했습니다.

앞 사진에서 보이는 점들은 원래 한 천체입니다. 아인슈타인의 이론이 자연현상과 정확히 일치하는 것을 보여주지요. 타원으로 보이는 건 은하단입니다. 은하는 엄청나게 질량이 커서 주변 공간이 엄청 휘어졌을 것입니다. 뉴턴에 의하면 은하가 다른 은하단에 가려져서 안 보여야 하지만, 아인슈타인에 의하면 다 보이는 것이지요. 그래서 그의 이론이 맞는다는 것을 알 수 있습니다.

상대성이론이 미친 영향

아인슈타인의 과학적 작업이 가장 영향을 미친 기술을 꼽으라면 GPSGlobal Positioning System입니다. GPS는 내비게이션, 휴대전화에서 쓰입니다. 인공위성은 굉장히 빨리, 등속으로 돌아서 시간이 지구 표면에서보다는 천천히 흐르기 때문에, 인공위성이 우리에게 데이터를 보내면 지구의 시간으로 보정을 해야 합니다. 이 기능이 휴대전화에 있습니다. 또 이것을 일반상대성이론으로 설명하면, 인공위성은 멀리 있으니까 중력이 약합니다. 이것도 동일하게 보정할 수 있는 기능이 휴대전화에 있습니다.

최근에는 시계가 굉장히 발전해서 30미터 떨어진 곳의 중력 차이도 측정할 수 있는 시계가 있습니다. 극단적으로 얘기하면 모든 사람, 물질, 우주의 것들은 다 각각의 시계를 갖고 사는 것입니다. 이 원리를 생각해보면 미래로의 시간여행은 굉장히 쉽습니다. 우주를 한번 나갔다 오면 되는 것입니다. 그런데 우리는 아직도 만유인력의 법칙을 씁니다. 일상에서는 중력, 속도가 크게 차이 나지 않기 때문에 일반상대성이론을 쓸 필요는 없습니다. 그런데 휴대전화에서는 일반상대성이론을 씁니다. 수성, 금성, 지구가 한 바퀴를 돌면, 곡률이 있으면 제자리로 돌아오지 않습니다. 이런 현상도 일반상대성이론이 뒷받침하지요. 블랙홀의 존재도 일반상대성이론이 설명합니다.

우주의 변화를 설명하는 것을 우주론이라고 합니다. 빅뱅우주론은 우주가 작게 태어나 점점 팽창해 지금의 우주가 되었다는 이론입니다. 상대성이론이 빅뱅우주론의 토대가 됩니다. 물론, 빅뱅을 처음 발견한 사람은 일반상대성이론을 몰랐습니다. 빅뱅우주론을 우주진화론이라고도 하고, 빅뱅 이전, 우주는 왜 태어났을까를 묻는 질문은 우주기원론이라고 합니다. 그래서 우주론은 진화론, 기원론 둘로 나뉩니다. 우주진화론은 천문학이고, 기원론은 수학입니다. 천문학, 물리학과 수학의 차이는, 수학은 방정식의 해가 있으면 존재하는 겁니다. 그런데 물리학, 천문학은 일정 시간 동안 존재해야 합니다. 그래서 우주기원론은 관측의 대상이 아니기에 물리학, 천문학의 영역이 아닙니다.

우주와 에너지

여러분과 저는 모두 분자덩어리입니다. 우주가 팽창한다는 것은 우주 공간이 늘어나는 것이므로 우리가 있는 시공간 자체가 팽창하는 것입니다. 우리는 가만히 있는데 공간이 2~3배 커지는 것이지요. 그래서 서로의 거리가 멀어집니다. 반대로 과거로 갈수록 우주는 더 작아집니다. 우리 사이의 거리가 가까워져서 마주칠 수도 있지요. 너무 가까워지면 우리는 분자로 이루어져 있기 때문에 분자로 쪼개지고, 또 더 거슬러 올라가면 원자로 쪼개지고, 더 쪼개져서 원자핵과 전자핵으로 쪼개져서 만나게 됩니다. 더 과거로 가면 원자핵, 전자핵이 더 쪼개질 것입니다. 그런데 전자핵은 더 이상 쪼개지지 않습니다. 즉, 우리를 쪼갤 수 있는 가장 작은 단위가 전자핵입니다. 원자핵은 양성자, 중성자로 나뉠 수 있는데, 이것은 또 쿼크로 쪼개질 수 있습니다. 쿼크는 지금은 6개로 알려져 있는데, 3개로 뭉쳐서 중성자, 양성자가 됩니다. 쿼크는 더 이상 쪼개지지 않습니다. 이제 더 이상 쪼개질 수 없는 쿼크와 전자로 이루어져 있습니다. 그러면 더 과거로 가려면 어떻게 해야 할까요. $E=mc^2$에서 E는 에너지, m은 질량, c는 빛의 속도인데, 물질은 곧 에너지입니다. 어떤 조건을 갖추면 물질이 에너지가 될 수 있습니다. 대표적인 것이 핵폭탄입니다. 작은 원소에 막대한 에너지가 들어 있는 것입니다. 이 원리를 도입해서 쿼크, 전자라는 물질의 기본 단위를 에너지로 바꿉니다. 에너지는 무형의 것이므로 작은 우주를 담을 수 있을 것입니다.

그래서 우주가 일정 에너지를 갖고 태어났다고 말할 수 있는 것이지요. 우주가 태어나서 시간이 흐르면서 하는 일은 팽창하는 것밖에 없습니다. 그 속에 있는 총 에너지 양은 일정할 것입니다. 에너지는 질량으로 환원될 수 있습니다. 그러면 질량이 똑같고 부피가 늘어납니다. 또 우주가 작았을 때는 온도가 굉장히 높았을 것입니다. 지금보다 우주가 1000배 작았다면 온도는 1000배 높았을 것입니다. 지금은 우주의 평균 온도가 3도인데, 과거에는 3000도였겠지요. 이것을 생각하면 우주의 나이를 계산할 수 있습니다. 쿼크, 전자가 생길 때의 밀도, 온도 조건이 있을 것입니다. 그 이후 온도가 떨어지면서 쿼크가 뭉쳐서 중성자, 양성자가 생깁니다. 이때의 온도, 밀도도 계산할 수 있습니다. 이것을 계산하면 태초부터 중성자, 양성자가 생기기까지 3분이 걸렸다고 합니다. 지금의 우주 나이는 137억 년입니다. 수소라는 원소는 양성자 1개, 중성자 1개로 이루어졌는데, 수소의 양성자가 137억 년 전에 만들어진 것입니다. 이것이 계속 순환되는 것입니다. 새로 생긴 것도 없고요. 《최초의 3분》이라는 책이 있는데, 위의 말을 다 설명하고 있습니다. 3분 안에 만들어진 것들을 우리가 지금 재활용해서 쓰고 있는 것이지요.

별과 물질

지구가 38만 년이 되었을 때는 원소, 즉 수소가 생깁니다. 헬륨도 조금 생기고요. 그 전에는 양성자, 중성자, 전자가 자유롭게 돌아다니고 있었는데, 이것을 자유전자라고 합니다. 그 이후는 암흑기라고 하는데 이 시기에는 2~4억 년 동안 우주가 수소로만 꽉 차 있었습니다. 최초 별의 탄생은 시기가 엇갈리는데, 2억 년 또는 4억 년 때라고 합니다. 그리고 시간이 지나면서 우주 전체는 밀도가 떨어지는데, 한쪽 지역은 밀도가 높아지는 곳이 있게 됩니다. 이곳을 성운이라고 합니다.

수소가 양성자, 전자로 이원화되어 있는 것을 플라즈마라고 합니다. 태양은 기체로 이루어져 있다고 하지만, 중심은 너무 뜨거워서 수소가 양성자, 전자로 다시 나뉘어 있습니다. 이것이 다시 융합을 하면 빛이 만들어지겠지요. 태양의 중심에서 만들어진 빛이 태양의 끝으로 가기까지는 100만에서 1000만 년이 걸리고, 태양 끝의 빛이 지구까지 오는 데는 8분 20초가 걸립니다.

또 양성자 1개와 양성자 1개가 붙으려면 엄청난 힘이 필요한데, 이것을 붙이기 위한 힘이 있어야 합니다. 그래서 양성자 2개가 붙는 과정을 핵융합이라고 합니다. 이것이 붙으면 헬륨 원자핵이 됩니다. 나머지 에너지는 빛이 되어서 핵융합이 되는 순간에 별빛으로 되는데, 이것을 별의 탄생이라고 합니다. 즉, 헬륨을 만들면서 별이 탄생하는 것이지요.

별 안에서 핵융합이 끝나면 빛이 꺼집니다. 수소가 붙어서 헬륨을 만들었는데, 헬륨끼리 붙으면 또 3번 원소가 만들어지겠지요. 별이 죽으면 이 3번 원소, 4번 원소들이 우주로 흩뿌려집니다. 우리 주변의 원소들, 철 원소까지는 우주에서 만들어졌습니다. 나머지 원소를 만들기에는 별의 밀도가 굉장히 낮아졌기 때문이지요.

주기율표를 보면 앞의 숫자는 태양과 같이 가벼운 별들에서, 철까지는 무거운 별들에서, 텅스텐, 금, 은, 동은 초신성에서 만들어진 것입니다. 그 뒤의 원소들은 3, 4세대 별에서 만들어졌다고 합니다. 그래서 지금 우리가 보는 원소들 중 대부분은 태양계가 생기기 전에 만들어진 원소들입니다. 지구에서는 분자들이 만들어집니다. 분자는 상대적으로 만들기 쉽습니다.

우리의 몸을 이루는 원소들이 모두 우주의 진화를 담고 있으므로 인간을 '생각하는 별먼지'라고도 합니다. 초기 우주를 에너지가 지배하는 우주라고 하고, 어느 순간부터는 물질이 지배하는 우주라고 부르고 있습니다. 우주가 변해가는 과정에서 동력이 되는 것은 원소의 생성이라고 보면 됩니다.

06

생명과학,
유전자 재조합에서 유전자 가위까지

송기원
연세대학교 생화학과 교수

1997년에 개봉한 〈가타카〉라는 SF 영화가 있습니다. 유전공학과 우생학으로 인간을 재단하는 이 영화가 처음 나왔을 때, 디스토피아 소설인 올더스 헉슬리Aldous Huxley의 《멋진 신세계》를 영화화한 것 같다는 얘기가 있었습니다. 1993년에는 〈쥬라기 공원〉이 개봉했습니다. 이 영화에서는 송진의 화석인 호박 속에서 공룡과 함께 살았던 모기를 찾아내 그 핏속에 있던 공룡의 DNA를 뽑고, 공룡과 비슷한 타조알에 집어넣어 공룡을 창조해냈습니다. 흥미롭게도 최근 생명과학 기술이 비약적으로 발달하면서 이러한 영화에서의 설정들이 더 이상 공상이 아닌 현실이 되어가고 있습니다. 최근 과학 연구의 현장에서는 그야말로 '공상과학 영화 같은' 일들이 벌어지고 있습니다.

생명의 정보

20세기 초 생명과학 분야에 대한 관심이 높아지면서, 생명이 어떤 정보를 기초로 만들어지는지를 탐구하는 것이 가장 중요한 연구 주제가 되었습니다. 생명의 가장 큰 특징은 재생산reproduction을 할 수 있다는 것입니다. 이를 위한 정보와 새로운 개체를 만드는 작동 메커니즘이 20세기 생명과학 연구자들이 가졌던 질문이었습니다.

'콩 심은 데 콩 나고 팥 심은 데 팥 난다'는 속담처럼 생물체는 각자의 정보를 가지고 있는데, 이 정보가 어떻게 구현되어 콩이 되고 팥이 되는지를 20세기의 과학자들이 알고 싶어 했다는 것입니다. 최근에는 생명체를 3D 프린터라고 극단적으로 표현하기도 합니다. 정보만 입력하면 똑같이 생산할 수 있기 때문입니다. 20세기의 중요한 화두였던 생명의 정보라는 것은 바로 DNA라는 화학물질입니다. DNA는 dioxyribonucleic acid(디옥시리보 핵산)의 약자로, 이중의 나선으로 된 구조를 갖습니다. 요즘은 이 모양이 아주 유명해져서 과자, 화장품 등 많은 상품에 그려져 있습니다.

생명의 정보로 DNA가 선택된 이유가 있습니다. DNA는 화학적으로 매우 안정적이어서 웬만하면 변형이 되지 않습니다(반면 생명체의 또 다른 중요한 구성물질인 단백질은 온도가 변하면 빠르게 변형된다). 그리고 A(아데닌), G(구아닌), C(사이토신), T(타이민)라는 네 종류의 염기서열로 단순하게 이루어져 있습니다. 이들의 무작위적 서열이 정보로서의 기능을 수행합니다. 이 네 가지 염기는 짝이 지어져 있는데, A는 T와, G는 C와 짝을 이룹니다. 짝을 이루어 좋은 점은 한쪽을 알면 나머지 한쪽도 알 수 있다는 것입니다. 그래서 생명이 재생산할 때마다 수반되어야 하는 정보의 복제가 쉽습니다. 또한 A는 G와, C는 T와 각각 유사하게 생겨서 서로 쉽게 대체가 가능하고, 화학적 자극에 의해 서로 바뀔 수 있어 변이를 설명할 수 있습니다. 따라서 DNA의 이중나선 구조는 안정적이면서 생명의 특징인 정보, 복제와 진화를 모두 설명하기에 적합합니다. 우리 몸에서 일어나는 생명 현상은 모두 단백질이 수행하는 것이고, DNA는 이 단백질을 만들 수 있는 정보를 제공합니다. 인류가 DNA가 생명의 정보라는 것을 안 지 매우 오래된 것 같지만 1940년대가 되어서야 DNA가 생명의 정보라는 것을 밝혔고, 1953년에 왓슨James Watson과 크릭Francis Crick이 DNA가 이중나선이라는 것을 최초로 발견했습니다.

DNA의 유전정보는 염색체라는 형태로 세포 안에 들어 있습니다. 염색체는 엄마한테서 온 23개, 아빠한테서 온 23개로 23쌍이 있습니다. 각 염색체를 풀면 DNA 이중나선 한 줄입니다. 아주 긴 털실을 엉키고 끊어지지 않도록 실타래로 만들어서 가지고 다니는 것처럼, DNA도 46개의 긴 줄이 염색체라는 실타래로 만들어져 있습니다. 우리 몸의 100조 개의 세포 하나하나에 이런 형태로 똑같은 정보가 들어 있습니다. 우리가 수정란이라는 세포 하나로부터 시작되었기 때문입니다.

유전자는 긴 염색체의 DNA 중 단백질에 대한 정보를 가진 부분만을 말하고, 이 정보는 A-G-C-T의 무작위적인 배열 안에 저장되어 있습니다. DNA의 정보량은 방대하기 때문에 이 방대한 정보의 원본이 한꺼번에 전부 읽히는 것이 아니라, 이 중 세포마다 필요한 단백질을 만드는 부분의 유전자만 읽혀서 단백질을 만들기 위해 사용됩니다. 그리고 이렇게 만들어진 단백질이 생체의 기능을 수행합니다. 이 작동 원리는 지구상 모든 생명체에 적용되는 원리로 중심 원리central dogma라고 합니다.

유전자 재조합 기술과 GMO

DNA상의 특정 부분이 각 유전자에 대한 정보를 담고 있다는 사실이 알려진 것은 1960년대였습니다. 그리고 1970년대가 되어 DNA를 자르고 붙일 수 있는 단백질들이 알려지면서, 과학자들은 아래와 같이 우리가 유전자 정보를 직접 이용할 수 있지 않을까 생각하기 시작했습니다.

① 원하는 유전자 정보를 잘라내어 운반책 DNA에 넣는다.
② 운반책으로는 플라스미드plasmid라는 세균이 가지고 있던 작은 원형 DNA 조각이나 DNA 바이러스를 사용한다.
③ 원하는 유전자에 해당하는 DNA를 운반책에 끼워 넣어 다른 세포 안에 집어넣는다.

세균은 유성생식을 하지 않고 플라스미드로 유전자를 교환하기 때문에, 과학자들은 그곳에 원하는 유전자를 끼워 맞춰 다른 세균 안에 집어넣으면 원하는 단백질을 세균에서 만들 수 있을 것이라고 생각했습니다.

결국 몇몇 과학자들의 노력으로 유전자 재조합DNA recombinant technology이라는 기술의 개발이 성공을 거두었습니다. 이 기술로, 자연적인 방법이라면 전혀 유전자를 주고받을 이유가 없는 생명체들에게 인간이 원하는 유전자를 발현하는 것이 가능하게 되었지요.

유전자 재조합 기술의 성공으로 인슐린을 세균에서 쉽게 만들어내는 등 인간에게 유용한 적용 사례들이 검증되면서 이 기술은 1980년대 빠른 속도로 퍼져 나갔고, 이 기술로 다양한 단백질 치료제들을 쉽게 얻을 수 있게 되었습니다.

유전자 재조합 기술이 성공적으로 적용된 대표적인 경우가 인슐린 주사입니다. 당뇨 환자들은 혈당을 조절하는 이 호르몬 주사를 아침저녁으로 맞습니다. 유전자 재조합 기술이 개발되기 전에는 인슐린을 동물의 핏속에서 추출했는데, 1회 주사량을 얻으려면 20리터가 넘는 동물 피가 필요했습니다. 그런데 유전자 재조합 기술이 발명되면서, 사람의 인슐린 DNA를 세균 세포에 집어넣어 발현하여 쉽게 인슐린을 얻을 수 있게 되었습니다. 이뿐만 아니라 암 환자의 면역 기능을 활성화하기 위해 투약하는 인터페론, 혈전 제거제, 성장촉진 호르몬 등 다양한 단백질 치료제들을 저렴하고 쉽게 구할 수 있는 세상이 되었습니다.

과학자들은 원하는 물질을 얻는 것뿐 아니라 생명체 자체의 가치를 높이는 데 유전자 재조합 기술을 이용할 수 있겠다는 생각을 하게 되었습니다. 이후 자연적인 방법으로 서로 유전정보를 주고받을 수 없는 생명체의 유전자를 다른 생명체에 넣어 상품가치를 높이는 작업이 시작되었지요. 그 예로 GMO(유전자 재조합 식품) 옥수수, 토마토, 딸기 등이 있습니다. 딸기는 원래 봄에 먹는 과일이었는데 지금은 늦가을, 겨울에 출시됩니다. 극지방에 사는 물고기가 가지고 있는, 추위에 견디는 유전자를 딸기에 주입해서 겨울에 수확할 수 있게 된 것입니다.

GMO는 1990년대부터 쏟아져 나오기 시작했습니다. 2015년 11월에는 미국 식품의약국FDA에서 동물 GMO인 연어 시판을 허가했습니다. GMO 연어는 생장을 촉진할 수 있는 유전자를 인위적으로 발현시킨 것으로, 성체가 되는 데 3년이 걸리는 원래의 연어와 달리 1년 반이면 시장에 나올 수 있어서 경제적 이익이 있다고 합니다.

GMO에 관해 말하자면, GMO가 위험하다고 주장하는 시민단체들도 있지만, 인간은 잡식동물이기도 하고, 모든 생명체는 DNA를 정보로 사용하고 이들은 단백질로 발현됩니다. 그리고 단백질은 어느 유전자에서 왔건 스무 종의 아미노산으로 이루어지므로 다른 생물체의 유전자가 들어간 식품이라 하여 몸에 해로울 이유는 거의 없습니다. 사람에 따라 특정 단백질에 알러지 반응을 일으킬 수 있으나 이는 GMO에만 해당하는 이야기가 아닙니다. 모든 먹거리가 개인에 따라 알러지 반응을 일으킬 수 있기 때문입니다. 다만 GMO가 종의 다양성 감소 등 생태적으로 어떤 효과를 불러올지 모르는 위험성은 있습니다.

인간 유전체 해독, 게놈 프로젝트

'유전'이라는 영국 작가 토마스 하디Thomas Hardy의 시가 있는데, 그가 이 시를 쓴 것은 근대 생물학이 태동하던 1890년대였습니다. 그는 인간이 살면서 겪게 되는 온갖 부조리에 관심이 있었다고 전해집니다. 그래서 인간의 힘으로 어쩔 수 없는 유전 현상들도 부조리하다고 느꼈던 것으로 생각됩니다. 이미 그 시대에 그는 얼굴 모습, 눈색깔, 목소리 등 우리 스스로가 선택할 수 없는 특성이, 나에게 영향을 끼침은 물론 나를 넘어 자식 세대로 전달된다는 점을 말이지요.

누구나 자신이 타고난 유전정보에 100퍼센트 만족하지는 않겠지만, 유전병은 굉장히 부조리하게 느껴질 수 있습니다. 스스로 선택한 게 아닌데 태어날 때부터 질병을 갖고 태어나거나, 치명적인 질병에 걸릴 위험성이 높은 유전자를 갖고 태어나게 되면 억울할 것입니다. 유전병을 이해하기 위해 과학자들은 인간의 유전체 정보 전체를 읽어내기를 간절히 희망했고 이 열망은 게놈 프로젝트로 실현되었습니다.

DNA의 염기서열인 유전정보를 읽어낼 수 있는 기술은 1970년대 후반에 발명되었습니다. 그리고 1990년에 인간의 유전정보 전체를 읽는 게놈 프로젝트가 시작되었습니다. 사실 게놈 프로젝트 출범을 앞두고 과학자 진영은 둘로 나뉘어 논쟁을 벌였습니다. 당시에는 HIV(에이즈의 주 원인이 되는 바이러스)가 큰 화두여서, HIV처럼 눈앞에 당장 연구해야 할 과제가 있는데 어떻게 활용될지 불분명한 프로젝트에 막대한 돈을 지원하는 게 옳은지에 대한 논쟁이었지요. 결국 미국 에너지부 주도로 30억 달러라는 대규모 프로젝트를 시작하게 됩니다. 30년 전의 금액임을 고려하면 어마어마한 액수의 돈입니다. 놀라운 것은 후에 게놈 프로젝트가 끝나고 추산한바 이 프로젝트가 투자한 달러당 140달러의 부가가치(총 462조 원)를 창출했다는 것입니다.

게놈 프로젝트는 처음에는 15년이 걸릴 것이라고 예상되었으나 13년 만인 2003년에 끝났습니다. 벤터Craig Venter라는 과학자가 큰 기여를 했는데, 그는 원래 미국 국립보건원에서 일하다가 이 프로젝트가 너무 느리게 진행되는 것을 참을 수 없어서 벤처기업을 차렸고, 결국 정부와 민간이 경쟁하는 구도 속에서 프로젝트가 빨리 끝날 수 있었습니다.

인간을 포함한 다양한 생물체의 유전체 정보를 읽게 되면서 우리는 유전체에 대해 많은 것을 알게 되었습니다. 이전까지는 인간 유전자의 수가 아주 많을 것으로 예상했었습니다. 그러나 유전체 해독 결과는 맥주를 만들 때 넣는 효모가 6500개의 유전자를 가지고 있는데 반해 인간은 그 3.5배인 단 21000개에 불과한 유전자를 가지고 있음이 밝혀졌습니다. 효모가 인간과 같은 진핵세포 구조를 갖는 생명체라고 하더라도 인간의 유전자 수는 우리가 예상했던 것보다 훨씬 적었던 것입니다. 또 DNA 정보 중 단백질을 만드는 유전자 정보가 차지하는 부분은 단 1~2퍼센트에 불과했습니다.

인종에 대한 편견도 수정해야 했습니다. 지구상에 여러 인종이 있지만 모든 인종의 유전자의 99.9퍼센트가 동일하다는 것을 알게 되었습니다. 즉, DNA로부터 인종을 예측할 수 없기 때문에 인종 구분은 비과학적인 것으로 판명되었지요. 인간은 많은 변이가 축적될 시간이 없었던 신생 종이라는 뜻이기도 했습니다.

유전자가 아닌 부분 중 80퍼센트 이상, 즉 유전체 대부분은 유전자를 조절하기 위한 스위치로 밝혀졌습니다. 인간은 유전자 수는 적지만 굉장히 복잡한 스위치를 가지고 있어서 유전자들의 기능이 정교하게 조절될 수 있는 생명체임을 알 수 있었습니다.

게놈 프로젝트에는 30억 달러가 투자되었지만 프로젝트가 끝난 2003년경에는 인간 유전체 전부를 읽는 비용이 약 1억 달러 정도로 감소했습니다. 그때까지만 해도 개개인의 유전체를 읽는 것은 불가능하다고 생각했는데 2007년부터 DNA를 읽어내는 비용이 급격하게 하락하게 됩니다. 자동으로 염기서열을 빠르게 읽어내는 '차세대 염기서열 분석 기술Next Generation Sequencing'이 발달하면서였습니다. 해독 비용은 계속 내려가, 2010년대 중반부터는 100만 원 정도면 개인의 유전체를 읽을 수 있게 되었습니다. 위 기술의 발달로 개인 유전체 정보를 읽는 회사가 여러 개 설립되었습니다. '23앤미23andMe'가 대표적인 회사인데, 최근에 서비스를 통해 축적한 개인들의 유전체 정보를 제약회사에 팔아넘긴다고 해서 문제가 된 사건도 있었습니다. 유전체가 아닌 중요한 유전자 정보만 읽을 수 있는 서비스는 이제 100달러도 채 들지 않습니다.

유전자 가위

유전병이 발현하는 이유는 변이된 유전자 정보로부터 만들어진 단백질이 변형되어 제 기능을 하지 못해서입니다. 지금까지 700개 이상의 유전질환이 단일 유전자의 변이에 의해 발생한다고 알려졌습니다. 과학자들은 여러 유전자가 관여하는 증상이 아닌, 유전자 하나의 변이 때문에 심각한 병이 발생한 경우에는 해당 유전자만을 고치면 영구히 유전병을 치료할 수 있지 않을까 하는 생각을 하게 되었습니다.

DNA는 염색체를 구성하는 아주 긴 줄이고, 이 줄의 염기서열 중 특정 부분이 유전자로 기능합니다. 따라서 특정 부분만을 다른 것으로 바꾸려면 일단 잘못된 유전자 부분을 잘라낼 수 있는 '유전자 가위'가 필요합니다.

DNA에 적용할 수 있는, 최초로 발견된 유전자 가위는 제한효소restriction enzyme입니다. 유전자 가위는 유전체 내에서 특정 염기서열을 찾아내 정확히 잘라야 하는데, 제한효소는 4~8개의 염기서열을 통째로 인식하기 때문에 같은 염기서열이 여러 번 반복되는 유전체에서 여러 군데를 잘라버릴 수 있다는 단점이 있었습니다. 따라서 제한효소는 유전체에는 사용할 수 없었습니다. 그다음에 나온 가위는 아연집게Zinc Finger라는 가위였는데 이것 또한 8~10개의 염기서열을 인식했습니다. 2010년 이후에는 탈렌TALEN이 개발되었습니다. 탈렌은 인식하는 염기서열을 20~24개까지 길게 만들 수 있었으나 자르고 싶은 염기서열마다 그에 맞는 가위를 만들어야 해서 역시 불편

했습니다. 하지만 이 가위가 당시까지 인간이 찾아낸 가위 중에 최선이었기에 식물을 포함해 여러 개체에 적용되었습니다.

2012년에 드디어 크리스퍼Crispr라는 유전자 가위가 발견되었습니다. 크리스퍼는 21개 염기서열이 정확하게 일치하는 것만 자를 수 있었습니다. 인간 유전체에서 21개의 염기서열이 똑같은 DNA가 나올 확률이 43조분의 1이기 때문에 인간의 유전체 염기서열 개수인 30억 개를 넘어 이론적으로는 유전체 전체 중 한 곳만 편집할 수 있는 것이지요. 인류는 인간 유전체를 잘못 자를 확률이 현저히 낮은 중요한 도구를 갖게 된 것입니다.

이 가위는 세균이 가지고 있던 것을 인간이 찾아낸 것이었습니다. 유럽의 한 요구르트 회사가 유산균으로 요구르트를 만드는 과정에서 발견한 재밌는 현상이 계기였지요. 바이러스에 잘 견디는 특정 유산균을 조사했더니, 크리스퍼라는 유전자가 많이 발현되어 있었고, 크리스퍼는 그 유전자 안에 침입한 바이러스의 염기서열을 저장하고 있었습니다. 이 바이러스가 다시 침입하면 이 유전자와 DNA를 자를 수 있는 Cas9라는 효소를 함께 발현해, 일치하는 바이러스의 유전정보 DNA를 잘라서 바이러스를 원천봉쇄하는 원리입니다. 세균이 바이러스가 침입할 때 사용하는 면역, 방어 기전의 한 방법이지요.

크리스퍼는 세균의 면역체계이므로 처음에는 바이러스 염기서열만 인식해 자르는 줄 알았으나, 캘리포니아대학교의 다우드나Jennifer Doudna와 샤르팡티에Emmanuelle Charpentier가 크리스퍼 내에 아무 염기서열이나 집어넣어도 그에 맞는 염기서열을 찾아가 자를 수 있다는 것을 밝혀냈습니다. 동시에 MIT(매사추세츠공과대학)의 펑 장Feng Zhang은 이 가위를 포유동물의 세포에 인위적으로 집어넣어도 유전자 가위 기능을 수행할 수 있음을 증명했습니다. 두 연구가 비슷한 시기에 진행되었기 때문에 현재 두 학교 간에 세기의 특허 전쟁이 펼쳐지고 있습니다.

이 기술은 인간 세포뿐 아니라 거의 모든 생명체에 적용할 수 있습니다. 인류는 어떤 생명체건 그 유전체를 인위적으로 변화시킬 수 있는 방법을 가지게 된 것입니다. 크리스퍼는 지난 몇 년간 가장 혁신적인 발견으로 꼽혀, DNA 혁명이라는 수사가 붙은 채 여전히 화제가 되고 있습니다.

유전자 가위의 적용

크리스퍼 기술은 이미 인간을 포함한 다양한 동물과 식물에 활용되고 있습니다. 대표적인 적용 사례는 말라리아 예방입니다. 전 세계에서 말라리아로 매년 약 60만 명이 사망한다고 합니다. 모기에 기생하는 말라리아 병원충은 숙주인 모기가 없으면 말라리아를 옮길 수 없기 때문에 모기가 불임하도록 생식 관련 유전자를 자르는 연구가 진행되었습니다. 이 모기는 생태적인 문제가 있다고 해 아직 야생에는 방출되지 않고 있습니다.

크리스퍼는 다양한 식물 먹거리에도 적용되고 있습니다. 유전자 치료 분야에서 유명한 미국의 한 벤처기업 회장은 2016년부터 명사들을 불러 모든 식재료에 크리스퍼 기술을 적용한 재료로 미슐랭 셰프의 만찬을 대접하고 있다고 합니다. 크리스퍼에 대한 사회적 거부감을 없애려고 하는 시도입니다.

서울대학교의 김진수 교수 연구실은 세계적으로 최첨단의 유전자 가위 연구를 진행하는 곳 중 하나입니다. 이 연구실에서는 중국 연변대학과의 공동 연구로 유전자 편집을 이용한 '슈퍼 근육질 돼지'를 만들었습니다. 몸의 근육을 없애는 단백질의 유전자를 잘라낸 결과입니다.

미국에서는 뿔이 없는 소를 탄생시켰습니다. 목장에서 소를 키울 때 가축을 치는 사람들이 다치기 때문에 뿔이 자라기 시작하면 잘라줘야 하는데, 소에게도 아주 고통스럽기 때문에 처음부터 뿔이 없는 소를 만들었다고 합니다.

유전자 가위를 이용해 에이즈를 완치하려는 시도도 계속되고 있습니다. HIV는 우리 몸의 세포 중 특정 면역세포만을 숙주로 삼는데,

유전체 편집으로 만든 슈퍼 근육질 돼지

숙주에 바이러스가 침입하려면 수용체가 필수입니다. HIV의 수용체, 정확히는 수용체에 대한 유전자가 없음에도 살아가는데 큰 문제가 없는 사람들이 있음에 착안해 이 치료법이 고안되었습니다. 에이즈 환자에게 면역세포를 만들어 내는 골수세포를 이식할 때, 이 세포에서 HIV에 대한 수용체의 유전자를 없앤 후 이식하면 이 골수세포에서 만들어지는 면역세포는 더 이상 HIV에 감염되지 않습니다.

최근에는 면역세포의 유전자 변형을 이용한 세포치료제인 'CAR-T'에 여러 제약회사들의 관심이 쏠리고 있습니다. CAR-T는 면역세포의 유전정보를 크리스퍼로 변형해서 면역세포가 암세포에만 존재하는 단백질에 잘 붙을 수 있도록 하는 치료제입니다. 다른 사람의 면역세포를 이용하면 면역거부 반응이 일어나므로 환자의 면역세포를 변형해 다시 집어넣는 것입니다. 즉, 면역 유전자 치료제입니다. 2017년 11월에 미국 식품의약국에 의해 소아백혈병 환자들에게 사용할 수 있도록 허용되었습니다. 그리고 이 치료제가 효과가 있다는 임상 보고가 나오면서 뜨거운 이슈가 되기도 했습니다. CAR-T를 이용하면 개별 암환자마다 맞춤 치료를 할 수 있게 됩니다.

우리 몸의 세포를 체세포라 하는데 체세포는 그 수명이 정해져 있습니다. 우리 몸의 세포 중 태어날 때부터 가지고 있는 세포는 단 한 개도 없고, 긴 경우에는 1년에 한 번, 짧은 경우에는 1주일마다 새것으로 바뀝니다. 체세포는 간단히 얘기하면 얼마 있다가 죽을 세포입니다. 인체에 있는 체세포에 유전자 가위를 적용하면 체세포의 짧은 수명 때문에 그 효과가 얼마 가지 못합니다. 따라서 효과적이려면 몸에서 체세포를 만들어내는 성체줄기세포에 크리스퍼를 활용해야 합니다. 그런데 우리가 몸 밖으로 빼내 유전자 가위를 적용할 수 있는 성체줄기세포는 골수세포 정도밖에 없습니다. 그래서 체세포에 유전자 가위를 적용하는 것이 유전자 치료라는 측면에서는 효과적이지 않습니다. 효과적인 방법은 수정란이나 초기 배아embryo에 적용하는 것입니다. '슈퍼 근육질 돼지'를 비롯한 유전체를 편집한 앞선 동물의 예들은 다 수정란이나 생식세포에 유전자 가위를 적용한 결과입니다.

유전정보를 완전하게 바꾸려면 배아 때 바꿔야 하는데, 이 방법은 효과적이지만 한 번 바뀐 정보는 자손 대대로 대물림된다는 점을 주의해야 합니다. 이런 이유로 배아의 유전체를 조작해도 되는지에 대한 논란이 생겼고 실제로는 실험을 하지 못하고 있었는데, 2015년 봄 중국에서 크리스퍼 기술을 인간 배아에 적용했다고 발표했습니다. 실험이 진행되고 있는지도 알려지지 않았다가 갑자기 연구 결과가 발표되어 논란이 일었지요. 정상이 아닌 배아로 실험한 때문인지는 알 수 없으나 실험이 그렇게 효율적이지는 않았습니다.

이후 윤리학자, 법학자, 과학자들이 미국에 모여 이에 대한 대처 방안을 토론했고, 인간 배아 연구를 억제하지는 말되 착상은 금지하자는 수준에서 암묵적 동의가 이루어졌습니다. 그런 와중에 2017년 김진수 교수팀이 오리건보건과학대와 연합해 인간 수정란에서 근육이 빨리 피곤해지게 하는 유전자 변이를 편집했습니다. 이제는 인간 배아의 유전체 편집이 성공했기 때문에 규제가 의미가 없어졌다고도 볼 수 있습니다. 과학은 한번 가능하다는 것이 증명되면 돌이킬 수 없기 때문입니다. 판도라의 상자는 이미 열렸기 때문에 앞으로의 연구는 허용 한도를 논의하는 방향으로 진행될 것으로 예측됩니다.

우리가 직면한 현실과 질문

영화 〈가타카〉에서는 엄마가 자연적으로 출산한 자신의 첫아이에게 유전적 결함이 있음을 알고, 두 번째 아이를 갖기 위해 체외수정(시험관 아기)을 하고 유전체를 편집한 배아 중에 착상시킬 배아를 고르는 장면이 등장합니다. 기술적으로는 이제 이것이 가능해진 상황이므로 이와 같은 장면은 이제 점차 현실과의 구분이 어려워질 것입니다.

그런데 저는 인간 배아 유전자 치료가 꼭 필요한지 질문하고 싶습니다. 유전체의 각 유전자는 모두 쌍으로 되어 있고 엄마, 아빠한테서 각각 한 개씩 옵니다. 한 개 유전자의 오류로 발생하는 유전병이 나타날 확률은 열성이라면 4분의 1, 우성이라면 절반입니다. 인공수정에서 수정 후 초기 분열을 하는 세포 하나하나를 배아줄기세포라고 하는데, 배아줄기세포 하나는 개체를 완벽하게 만들어낼 수 있는 능력이 있습니다. 이때 세포 하나가 우연히 분리되면 일란성 쌍둥이가 나오는 것입니다. 그래서 초기 배아에서 세포 하나를 빼도 배아가 정상적으로 만들어지는데 문제가 없습니다.

따라서 배아에서 세포를 빼내서 유전체 정보를 읽고, 그중 유전병 유전자의 변이가 없는 배아를 착상하면 유전병 확률이 없는 아기를 얻을 수 있습니다. 굳이 유전체를 건드리는 작업은 필요가 없다는 것이지요. 그래서 저는 인간 배아 유전체의 편집에 찬성하지 않습니다. 쉽고 확실한 방법이 싼값에 가능한데 왜 확률적으로 잘못 작동할 가능성이 있는 유전자 가위를 사용해 꼭 유전체를 편집해야 할까요.

유전체를 임의로 바꾸는 과정을 의미하는 용어에 대해서도 생각해볼 필요가 있습니다. 학계에서는 유전자 가위 기술을 유전체에 적용하는 것을 두고 '편집'이라고 하는 사람도 있고, '교정'이라고 하는 경우가 있는데, 교정은 잘못된 것을 바로잡는다는 의미로 유전자에 가치를 얹는 말이고, 편집은 취향에 따라 바꾼다는 말이기 때문에 여기서는 편집이라는 표현을 사용했습니다.

최근 중국에서는 크리스퍼로 HIV 바이러스가 면역세포로 침입할 때 필요한 수용체에 대한 유전자인 CCR5를 유전자 가위로 잘라낸 여아 쌍둥이가 결국 태어났습니다. 이처럼 크리스퍼를 인간에 적용하는 연구에는 도덕적인 문제가 있지만, 그럼에도 규제를 하기가 쉽지 않은 이유는, 특정 기술을 특정 나라에서 아무리 규제해도 과학은 공공재의 특성을 갖기에 국경을 넘어 연구가 지속될 수 있기 때문입니다. 그 예로 서울대학교 김진수 교수 연구팀은 우리나라에서 금지된 배아 유전체 변형 금지를 피하기 위해 외국 대학과의 공동 연구로 돼지와 인간 배아에 이 기술을 적용할 수 있었습니다.

과학은 승자독식이기 때문에 국제적 경쟁이 치열합니다. 한 나라의 규제가 영향력을 발휘할 수 없는 상황입니다. 따라서 앞으로 우리나라는 유전자 가위를 이용한 유전체 연구에 대해 어떤 기준을 마련해야 할지 논의가 필요한 시점입니다.

한편, 2017년 10월 우리나라에서는 '생명윤리 및 안전에 관한 법률'의 개정안이 발의됐습니다. 유전자 치료에 관한 연구에서 기존의 조건을 모두 없애고 질병의 치료를 목적으로 하는 연구인 경우 모두 허용한다는 내용의 법안입니다. 그런데 질병의 개념은 아주 모호하여, 사회적으로 결정될 수도 있습니다. 예를 들어 대머리가 질병일까요? 누구는 심각한 질병이라고 할 수 있고, 누구는 죽는 것도 아닌데 왜 질병이냐고 할 수도 있습니다. 법안이 어떻게 개정돼야 하는지에 대한 사회적 논의가 필요합니다.

요즘 생명과학의 특징은 연구와 치료가 분리되지 않는다는 것입니다. 가령 백혈병 환자의 세포를 꺼내 치료하는 CAR-T의 경우에는 병원에서 치료법을 개발하는 것이 아니라 환자의 면역세포를 연구실로 보냅니다. 연구실에서 유전자 변형을 거친 세포를 병원으로 다시 돌려보내면 병원에서 환자를 치료합니다. 병원과 연구실의 경계가 없어지고 있다는 뜻입니다. 이외에도 체세포와 배아의 경계가 어디인지, 생명윤리법 적용의 차별성이나 유연성 등에 관해서 깊이 생각해봐야 합니다. 기술이 너무 빨리 발전하고 있기 때문에 기술의 안정성이나 질환의 적용 범위 등에 대한 사회적 합의 또한 필요합니다.

〈쥬라기 공원〉처럼 크리스퍼 기술 개발로 탄력을 받은 매머드 재생 프로젝트'도 진행되고 있습니다. 멸종된 매머드의 시신을 빙하에서 발견해 그 세포로부터 이미 유전정보를 전부 읽어냈습니다. 이 유전정보를 활용해 (아시아)코끼리의 유전체 정보를 매머드에 가깝게 변형할 수 있습니다. 이렇게 변형된 매머드의 유전정보를 갖는 세포의 핵을 코끼리 난자에 넣어 코끼리 난자의 핵과 치환하면 이론적으로 매머드 재생이 가능합니다. 5~10년 내에 성공할 것으로 예상됩니다.

2016년에 하버드대에 과학자들이 모여, 지금까지는 인간 유전체를 읽는 데 그쳤지만 이제부터는 인간 유전체를 직접 작성, 즉 '합성'하겠다고 선언했습니다. 그 후, 인간 세포와 가장 유사한 효모를 이용한 합성을 시작해 2017년에 유전체의 반 이상을 성공적으로 작성했다고 발표했습니다. 또 최근 발표된 한 논문은, 원래 염색체가 16개인 효모의 유전체에서 각 유전체의 필요 없는 부분을 잘라내고 붙여, 유전정보는 동일하지만 염색체의 개수가 한 개 또는 두 개가 되도록 만들었다고 합니다. 한 개짜리는 중국에서, 두 개짜리는 뉴욕에서 만들어졌습니다. 인간이 유전체를 합성해서 기존의 효모와 같은 것으로 만들되 필요 없는 부분은 다 잘라버린 것입니다.

이런 연구 결과를 보면 인간 유전체를 합성한다는 것이 처음에는 황당한 일이라고 생각했는데, 기술력이 하나씩 축적되면서 현실로 다가오고 있습니다. 문제는 우리 사회가 빠르게 발전하고 있는 생명과학과 관련된 기술들을 수용할 준비를 충분히 하고 있지 않다는 것입니다. 빠르게 변화하고 있는 생명과학 기술의 발전을 수용할 수 있는 가치관과 지침을 세우고, 미래를 대비할 방법을 사회적으로 절실히 논의해야 하는 시점입니다.

07

뇌과학과 신경법학

송민령
카이스트 바이오 및 뇌공학과 박사과정

뇌과학이란 뇌를 비롯한 신경계의 구조와 기능, 원리를 연구하는 학문입니다. 뇌뿐만 아니라 신경계 전체를 연구하는 분야이기 때문에 외국에서는 신경과학이라는 표현이 더 널리 쓰이고 있습니다. 이 장에서는 뇌의 기능과 특징 그리고 네트워크인 뇌가 경험하는 '지금'은 어떤 순간인지에 관해 알아봅시다.

뇌란 무엇을 하는 기관인가: 몸과 환경의 영향

신경계는 생명체의 움직임과 긴밀하게 연관되어 있습니다. 이를 잘 보여주는 사례가 멍게류입니다. 멍게류는 성장기에 올챙이와 비슷한 모습으로 살기 좋은 곳을 찾아 돌아다닙니다. 그러다가 적절한 곳에 정착한 다음에는 몸의 형태가 바뀌어 더 이상 움직이지 않습니다. 멍게류는 올챙이처럼 돌아다니는 성장기에는 신경계를 갖고 있지만, 정착한 후에는 신경계를 몸속의 지방처럼 에너지원으로 사용해서 없애버립니다. 마치 신경계는 움직임을 위해서만 필요하다는 듯이요.

왜 움직일 때만 신경계가 필요할까요? 에너지를 사용해서 움직이면 가만히 있을 때보다 주변 환경과 몸 상태가 빠르게 변하므로, 천적을 보고 난 뒤에야 반응하거나 움직이기 힘들 만큼 배고파진 뒤에 먹이를 찾기 시작하면 늦습니다. 몸 상태와 환경을 미리 예측해서 적절한 움직임을 만들어낼 수 있어야 하는데 신경계가 이런 역할을 합니다. 그래서 뇌를 '예측하는 기계'라고 부르기도 합니다. 이처럼 몸 상태와 환경을 예측해서 적절한 움직임을 만들어내야 하므로 신경계는 주변 환경과 몸 상태의 영향을 크게 받습니다.

하루 24시간을 주기로 밝고 어두워지는 '빛'을 생각해봅시다. 왼쪽 눈으로 들어오는 정보는 우뇌로 가고, 오른쪽 눈으로 들어오는 정보는 좌뇌로 갑니다. 그 결과 양쪽 시신경이 교차하는 부분이 생기는데, 이 부분의 위에 시교차 상핵이라고 하는 영역이 있습니다. 시교차 상핵은 망막으로 들어오는 빛의 양을 측정해서 신경계의 활동을 조절하는 생체 시계의 역할을 합니다. 아침의 뇌와 오후의 뇌는 다르다고까지 말하는 학자가 있을 정도로 호르몬의 분비, 유전자의 발현, 정서 등 많은 부분이 하루 중 어느 때인지에 따라 달라집니다.

밤의 길이가 긴 겨울에 우울해지는 사람이 많은 것도 뇌 활동이 빛의 영향을 받기 때문입니다. 이를 계절성 정동 증후군이라고 하는

데, 계절성 정동 증후군에는 특정 시간대에 일정한 시간 동안 빛을 쬐는 '빛 치료'가 효과적이라고 합니다. 빛이 신경계에 영향을 준다는 사실을 역이용한 치료 방법이지요.

신경계의 활동은 햇빛과 같은 자연적 요소뿐만 아니라 사회적 맥락에도 영향을 받습니다. 오랫동안 경제학에서는 인간은 주변 환경과 무관하게 합리적인 결정을 내릴 수 있다고 믿어왔습니다. 하지만 노벨경제학상을 수상한 리처드 탈러의 책 《넛지》에 따르면 인간의 경제 행위는 주변 맥락에 따라 크게 달라집니다. 예를 들어 와인 가게에 프랑스 음악을 잔잔하게 틀면 프랑스 와인이, 독일 음악을 잔잔하게 틀면 독일 와인의 매출이 올라갑니다. 더욱이 사람들은 자신의 선택이 배경음악의 영향을 받는다는 사실을 인지하지도 못한다고 합니다.

앞서 설명했듯이 신경계는 몸 상태에도 영향을 받습니다. 이를 잘 보여주는 것이 인간의 감정입니다. 몸과 감정은 떼려야 뗄 수 없을 만큼 긴밀하게 얽혀 있습니다. 오죽했으면 '슬퍼서 우는 게 아니라 울어서 슬프다'라고 주장하는 이론(제임스-랑게 이론)이 있을 정도이지요.

2002년 월드컵이나 중요한 시험에 합격했을 때처럼 기뻤던 순간을 생각해보세요. 가만히 앉아서 '기쁘다'라고 생각하면 그것은 기쁨이라고 할 수 없습니다. 참으려고 해도 자꾸 웃음이 나오고 저도 모르게 소리를 지르게 되는 상태가 기쁨입니다. 마찬가지로 '무섭다'라고 생각하는 데서 그칠 수 있으면 공포가 아닙니다. 몸이 굳고 냉정하게 생각하기 힘든 상태가 공포입니다. 우울한데 활기차게 움직이는 사람은 없습니다. 우울하면 침대에서 벗어나기가 어렵습니다. 이처럼 몸과 감정이 긴밀한 영향을 주고받는다는 사실에 착안해서 요즘에는 약 대신 운동으로 우울증을 치료하려는 경우도 늘어나고 있습니다.

이처럼 신경계의 활동은 몸과 환경의 영향을 받지만 우리가 이 영향을 의식적으로 알지 못하는 경우가 많습니다. 생명체의 입장에서는 번식과 생존에 유리한 움직임을 만들어낼 수만 있다면 몸과 환경의 영향을 일일이 알 필요가 없기 때문입니다. 그래서 몸과 환경의 영향을 가끔 잘못 해석하기도 합니다. 예를 들어 흔들다리처럼 높은 곳에 있으면 무서워서 심장이 두근거리게 되는데, 하필 그때 괜찮은 이성이 눈앞에 있으면 '내가 이 사람을 좋아하나 봐'라고 잘못 추론할 수 있습니다. 이런 현상을 흔들다리 효과라고 합니다.

뇌는 경험에 따라 끊임없이 변한다, 가소성

생명체의 몸 상태와 주변 환경은 끊임없이 변합니다. 끊임없이 변하는 몸 상태와 환경을 예측하려면 신경계의 구조도 끊임없이 변해야 합니다. 뇌에서는 구조가 곧 기능이기 때문입니다. 오른쪽 그림에서 볼 수 있는 것처럼 신경세포는 종류별로 모양이 다릅니다. 다른 기능을 하려면 모양도 달라야 하기 때문입니다.

신경계가 환경, 경험, 신체 상태에 따라 끊임없이 변하는 성질을 가소성이라고 합니다. 가소성은 신경계의 가장 두드러진 특징이며 신경계는 죽을 때까지 변화를 계속합니다. 다음 그림(132쪽)을 보면 신경세포는 세포체, 축삭돌기, 수상돌기(가지돌기)로 이루어져 있습니다. 두 신경세포가 인접해서 신호를 주고받는 부분인 시냅스는 수상돌기에 많이 분포합니다. '시냅스 전 신경세포'가 신경전달물질을 분비하면 신경전달물질과 결합한 '시냅스 후 신경세포'의 수용체가 세포막 안팎에 전위차(두 위치 사이의 전압 차이)를 만듭니다. 이렇게 생겨난 전기신호가 수상돌기를 따라 세포체를 거쳐 축삭돌기가 시작되는 부분까지 갑니다. 이 동안에는 에너지를 거의 사용하지 않기 때문에 전기신호가 갈수록 약해집니다. 다행히 일정 크기 이상의 전기신호가 남아 축삭돌기 시작 부분에 도달하면, 이때부터는 에너지를 많이 사용해서 세기가 크고 크기도 줄어들지 않는 전기신호(활동

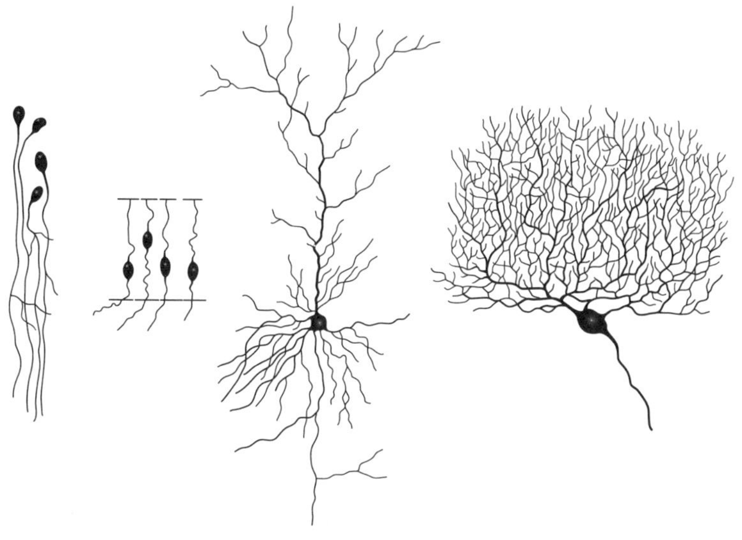

다양한 신경세포들의 모양

전위)를 만듭니다. 활동전위가 축삭돌기를 따라 이동하여 축삭돌기 말단에 도달하면 신경전달물질이 분비되어 다음 신경세포로 신호가 전달됩니다.

뇌는 구조가 곧 기능이라고 한 이유가 여기에 있습니다. 아까 전기신호가 수상돌기에서 세포체를 거쳐 축삭돌기의 시작 부분까지 이동할 때는 신호가 점점 작아진다고 했습니다. 따라서 세포체에서 먼 시냅스에서 생긴 전기신호는 중간에 없어질 가능성이 높습니다. 한편 운 좋게 인근의 시냅스에서도 전기신호가 생기면 두 전기신호가 합쳐져서 축삭돌기 시작 부분까지 전달될 수 있습니다. 여러 시냅스를 통해 들어온 전기신호가 약해지고 합쳐지는 과정에서 계산이 일어나고, 신경세포의 구조가 이 계산에 영향을 미치는 것입니다. 그러므로 기능이 다른 신경세포는 모양이 다르고, 학습을 통해 기능이 달라지면 신경세포의 모양도 변해야 합니다.

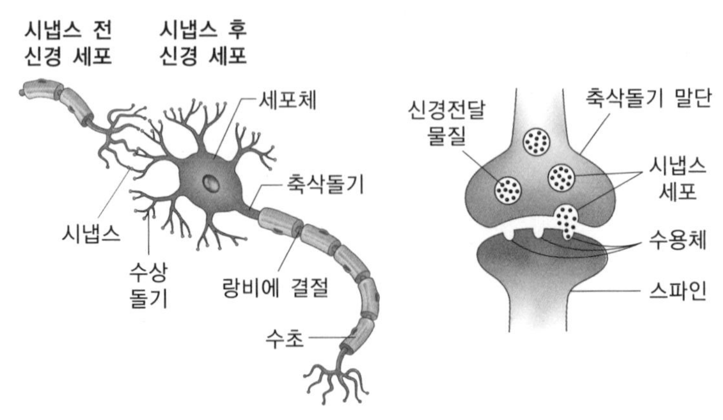

왼: 신경세포의 구조 오: 시냅스

신경세포는 항상성과 학습능력의 균형을 이루면서 변해갑니다. 1초에 10번쯤 활동전위를 보내는 어떤 신경세포를 생각해봅시다. 이 신경세포가 갑자기 1초에 30번씩 활동하게 되면 신경세포는 항상성을 지키기 위해서 수상돌기를 수축하게 됩니다. 그래야 신호를 덜 받기 때문입니다.

반대로 활동이 급격하게 줄어들면 수상돌기의 가지를 뻗어서 입력을 줄 신경세포들을 찾아 나섭니다. 수술이나 사고 등으로 몸의 부위가 없는데도 있는 것처럼 느껴지는 질환인 '환상지'는 이러한 현상을 잘 보여주는 사례입니다. 얼굴로부터 체감각(촉각, 압각, 진동감각, 온도감각) 정보를 받는 신경세포들은 손으로부터 체감각 정보를 받는 신경세포들과 뇌 속에서 인접해 있습니다. 그런데 사고로 손을 잃게 되면 손으로부터 체감각 정보를 받던 신경세포가 수상돌기를 뻗다가 얼굴로부터 정보를 받는 신경세포와 연결될 수 있습니다. 그러면 얼굴을 만졌는데 있지도 않은 손이 느껴질 수 있는 것이지요.

신경계의 가소성은 학습과 긴밀하게 얽혀 있습니다. 학습이란 같은 입력에 대해 이전과 다른 행동을 하는 것을 뜻합니다. '파블로프의 개'를 생각해보면 알 수 있습니다. 파블로프가 실험을 하기 전까지 개는 종소리에 시큰둥했습니다. 하지만 종소리가 울린 뒤에 먹이가 주어지는 상황이 반복되자 종소리만 듣고도 침을 흘리며 사람을 반겼습니다. 같은 종소리에 대해 다른 반응을 보인 것입니다.

학습의 측면에서 가장 많이 연구된 신경 구조물은 시냅스입니다. 시냅스의 세기가 약하면, 시냅스 전 신경세포가 신경전달물질을 분비해도 시냅스 후 신경세포에서 약한 전기신호만이 생깁니다. 하지만 수용체의 개수가 늘어나고 시냅스 크기가 커지면서 시냅스 세기가 세지면, 시냅스 전 신경세포가 같은 양의 신경전달물질을 분비해도 시냅스 후 신경세포에서 강한 전기신호가 생깁니다. 같은 입력에 대해서 시냅스 후 신경세포의 반응이 달라지는 것입니다. 그래서 시냅스의 세기 변화는 학습에서 중요한 위치를 차지합니다.

시냅스의 세기는 시냅스 후 신경세포 부분인 스파인spine의 크기에 따라 달라집니다. 놀랍게도 스파인의 모양은 초 단위로도 조금씩 변합니다. 사소한 변화처럼 여겨질 수 있지만, 시간이 더 지나면 있던 스파인이 없어지거나 없던 스파인이 생기는 등 상당한 변화가 일어납니다. 이런 변화 덕분에 우리는 낯설었던 일에 곧 익숙해지거나, 아침에 있었던 일을 기억할 수 있습니다.

과거와 현재의 끊임없는 대화, 기억

사람들은 흔히 기억을 과거의 일을 저장하는 과정이라고 생각합니다. 하지만 기억조차도 '몸 상태와 환경을 예측해서 그에 맞는 움직임을 만들어내는' 신경계의 기능에 맞게 만들어져 있습니다. 양쪽 귀 안쪽에 있는 '해마'라는 부분을 생각해봅시다. 해마는 '점심으로 찌개를 먹었다'와 같은 경험과 '대한민국의 수도는 서울이다'처럼 말로 할 수 있는 지식을 장기 기억으로 전환하는 데 핵심적인 역할을 합니다. 그래서 양쪽 해마가 손상된 사람들은 40분 전에 있었던 일을 기억하지 못합니다. 신기하게도 이 환자들은 미래에 대한 상상이나 계획 또한 잘 못합니다. 예컨대 해변에서 휴가를 보내는 상황을 상상해보라고 하면, 이 환자들의 상상은 내용이 빈약하고 일관성이 부족합니다. 이는 회상과 상상이 둘 다 관련된 정보를 기억에서 끌어와서 말이 되는 이야기로 구성하는 과정이기 때문입니다. 과거에 대한 회상과 미래에 대한 상상이 서로 얽혀 있는 셈입니다.

기억은 실제로 지금의 행동에 영향을 줍니다. 다음과 같은 실험을 생각해봅시다. 여섯 개의 상자에 과자를 한 가지씩 넣어두고 뚜껑을 닫아둡니다. 그리고 배고픈 참가자들에게 상자 3개는 두 번씩, 나머지 3개는 한 번씩만 뚜껑을 열어서 보여줍니다. 두 번씩 열어서 보여준 상자의 내용물이 더 잘 기억나겠지요. 그 뒤 두 번씩 열어서 보여준 상자들과 한 번만 열어서 보여준 상자들 중 하나씩만 골라서, 이 중에 무엇을 먹을 거냐고 물어봅니다. 그러면 대체로 내용물을 두 번 본 상자를 고릅니다. 내용물을 기억하지 못하면 고려 대상이 될 수도 없기 때문입니다.

기억이 선택에 도움이 되려면 어떤 특성을 가지고 있어야 할까요? 우리는 한 번 본 내용을 빠르게 기억하고 오랫동안 잊지 않으면 좋겠다고 생각합니다. 구소련의 세레셉스키라는 사람은 실제로 그런 능력이 있어서, 자신이 만난 모든 사람의 얼굴, 옷차림 그리고 그들과 나눈 대화를 기억했다고 합니다. 하지만 만났던 사람을 알아보려면 기억 속에 있는 모든 얼굴과 일일이 맞춰보는 지난한 과정이 필요했습니다. 세레셉스키처럼 세세하게 기억하려면 세부 사항이 조금만 달라도 다른 기억으로 나눠서 저장해야 하는데, 이렇게 하면 비슷한 기억들을 핵심적인 특징에 따라 뭉뚱그리기가 어렵기 때문입니다. 조명이나 헤어스타일만 달라져도 같은 얼굴이 다르게 보이는데, 세레솁스키는 미세한 차이를 뭉뚱그리지 못했던 탓에 조금 다른 얼굴도 같은 사람으로 인식할 수가 없었습니다. 우리는 세레솁스키처럼 세부 사항을 기억하지 못하는 대신에 요점에 따라 뭉뚱그리고, 그러다 보면 틀리기도 하는 것입니다.

기억의 또 다른 특징은 업데이트된다는 점입니다. 기억이 행동에 영향을 미친다면 기억도 나중에 접한 정보에 맞게 변해야 합니다. 이를 잘 보여주는 실험이 있습니다. 실험 참가자들에게 자동차 두 대가 충돌하는 영상을 보여주고 무작위로 두 그룹으로 나누었습니다. 한쪽 그룹에는 "자동차 두 대가 충돌할 때 차들이 얼마나 빨랐습니까?"라고 부드러운 표현을 써서 물었고, 다른 그룹에는 "자동차 두 대가 들이받고 박살나기 전에 차들이 얼마나 빨랐습니까?"라고 강한 표현을 써서 물었습니다. 그랬더니 전자(시속 55킬로미터)에 비해 후자(시속 66킬로미터)가 자동차 속도가 더 빨랐다고 답했습니다. 일주일 후에 이 사람들을 다시 불러서 동영상에서 깨진 유리를 보았냐고 질문했습니다. 실제 영상에는 깨진 유리가 없었는데도, 전자의 14퍼센트, 후자의 무려 32퍼센트가 깨진 유리를 봤다고 말했습니다. 나중에 접한 정보에 따라 기억이 다르게 업데이트된 것입니다.

업데이트라는 특징은 살아가는 데는 유용하지만, 범죄 수사에는 문제가 됩니다. DNA 검사법이 발명된 뒤에 감옥에 수감된 사람들의 유죄 여부를 다시 살펴보니, 억울하게 옥살이를 했다고 판단된 사람

중 무려 75퍼센트가 왜곡된 기억 때문에 유죄 판결을 받았다고 합니다. 이에 따라 훈련된 수사관이 잘 짜인 질문을 하되 질문의 횟수에도 유념해야 한다는 주장이 나오고 있습니다.

뇌가 경험하는 지금

뇌가 신경세포들의 네트워크라는 사실은 널리 알려져 있지만, 어떤 네트워크인지, 네트워크면 어떤 특징을 갖는지에 대해서는 모르는 이들이 많습니다. 뇌는 '작은 세상 네트워크'라고 할 수 있습니다. 아래 그림에서 보듯 작은 세상 네트워크는 '규칙적인 네트워크'와 '무작위 네트워크'의 중간에 해당합니다. 작은 세상이라고 불리는 것은 네트워크의 어떤 두 점이든 몇 번의 연결만 거치면 서로 이어질 수 있기 때문입니다. 지구상의 어떤 두 사람이든 여섯 단계만 지나면 편지를 전달할 수 있다는 이야기를 들어봤을 것입니다. 이런 일이 가능한 것은 네트워크 속에 넓은 인맥을 가진 '마당발'들이 있기 때문입니다. 뇌 속의 마당발 중에서도 최고의 마당발들을 모아 '리치 클럽rich club'이라고 부릅니다. 리치 클럽에는 기억, 감정, 습관과 관련된 영역들이 포함됩니다. 우리가 기억, 감정, 습관의 영향에서

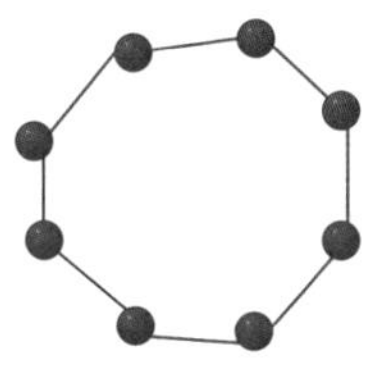

규칙적인 네트워크

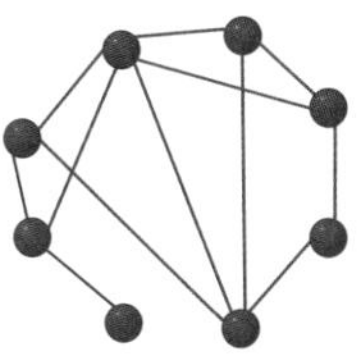

작은 세상 네트워크

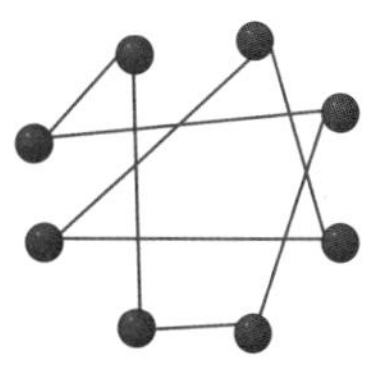

무작위 네트워크

벗어나기가 힘들 수밖에 없는 것이지요.

작은 세상 네트워크의 또 다른 특징은 네트워크가 어느 정도 독립적인 단위들로 구성된다는 점입니다. 규칙적인 네트워크에서는 인접한 영역끼리만 상호 작용하며 단위들이 거의 독립적으로 활동하는 반면, 무작위 네트워크는 모든 곳이 두루 연결되어 하나의 단위를 구성합니다. 둘 사이의 중간인 작은 세상 네트워크에서는 각 단위가 어느 정도의 독립성을 유지하면서도 여러 영역의 정보가 통합될 수 있습니다.

각 단위의 독립성은 인지 능력과 관련된다고 합니다. 나이가 들수록 단위들이 통합되면서 독립성이 약화되는데, 이런 현상은 인지 능력의 저하와 깊은 상관관계를 맺고 있습니다. 예를 들어 70세인 사람이 50세인 사람보다 뇌 속 단위들 간의 독립성이 더 높은 경우, 전자가 후자보다 인지 능력이 더 우수한 경향이 있다고 합니다.

뇌가 작은 세상 네트워크라는 사실은 의식과도 관련이 있습니다. 과학은 객관적으로 관찰할 수 있는 물리적인 대상만을 탐구하는데, 의식은 철저하게 주관적입니다. 예를 들어, 감금증후군locked-in syndrome에 빠진 환자들은 귀로 듣고 생각하는 등 의식이 있지만, 전혀 움직일 수 없어서 외부에서는 이 환자에게 의식이 있는지 없는지 알 수가 없습니다. 감금증후군은 의식이 객관적으로 관측하기 힘든 주관적인 영역임을 말해줍니다. 이처럼 의식을 객관적으로 측정하기가 어렵기 때문에, 철학과 법학에서 의식에 지대한 관심을 가져온 것과는 달리 뇌과학에서는 연구가 적었습니다. 비교적 최근에 들어서야 연구가 활발해졌지요. 각광받고 있는 최신 이론 중 하나인 통합정보이론integrated information theory에 따르면, 의식이 있을 수 있으려면 하나의 네트워크에서 다양한 정보가 처리되어야 하고, 다양한 정보들이 네트워크 안에서 통합될 수 있어야 합니다. 어느 정도 독립적이면서 서로 다른 특징을 가진 단위들(다양한 정보)이 작은 세상 네트워크 방식으로 연결된(통합) 대뇌는 의식의 출현에 유리한 구조인 셈입니다.

신경세포들은 우리가 멍하니 쉬거나 자는 동안에도, 정신 활동을 활발히 할 때 사용하는 에너지의 85~95퍼센트가량을 소모하며 활동합니다. 모든 영역이 같은 정도로 활동하는 것은 아니며 영역들이 상호 작용하는 정도가 시시각각 변해갑니다. 이처럼 시시각각 변하는 뇌 부위들 간의 상호작용을 기능적 연결이라고 합니다.

기능적 연결에 따라 우리의 경험도 달라집니다. 예를 들어 똑같이 다음 그림(140쪽)의 왼쪽을 보더라도 그림을 볼 때의 기능적 연결이 어떤지에 따라서 두 사람의 얼굴을 볼지, 꽃병을 볼지가 달라진다고 합니다. 지금 이 순간의 기능적 연결이 내 뇌가 경험하는 지금인 셈입니다.

앞에서 신경계의 활동은 몸 상태와 환경, 감정의 영향을 받는다는 사실을 살펴보았습니다. 그래서 기능적 연결도 주변 환경과 몸 상태, 감정 상태에 따라 달라집니다. 기능적 연결은 각자의 기억에 따라서도 달라지지요. 과거의 기억에 따라 사람마다 떠올리는 내용이 달라지니까요. 의식적으로 인지하지는 못하지만 얼마 전에 경험한 일

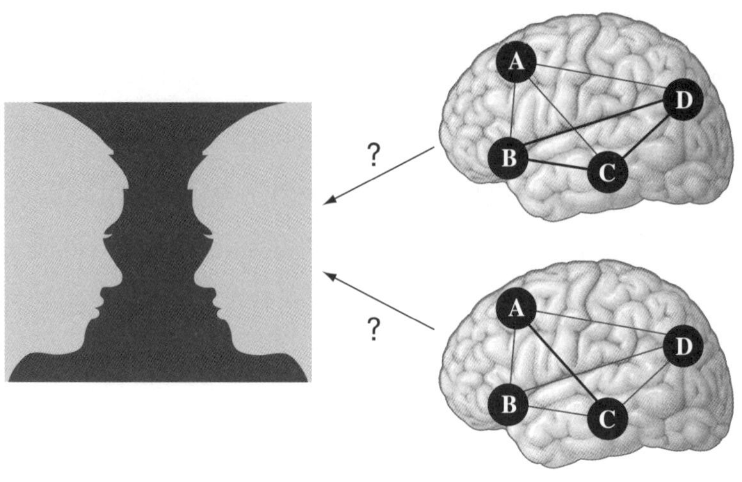

기능적 연결과 '지금'

들도 한동안 무의식을 맴돌면서 지금의 경험에 영향을 끼칩니다.

이처럼 오감을 통해서 들어오는 주변 정보, 몸 상태, 감정 상태, 기억, 방금 전에 일어난 일 등 많은 것들이 뇌의 기능적 연결에 영향을 주기 때문에, 지금은 나에게 현재 주어지는 자극 이상의 풍성한 순간입니다. 또한 몸 상태, 감정 상태, 기억, 방금 전에 경험한 일이 모두 같은 두 사람은 있을 수 없으므로 내가 경험하는 지금은 나에게만 주어진 유일한 것이 됩니다. 방 안에 100명이 있으면 그 방 안에는 100개의 지금이 있는 것이지요.

하지만 이처럼 많은 것들이 뇌의 기능적 연결에 영향을 주더라도 우리는 한순간에 하나의 말과 하나의 행동만 할 수 있습니다. 그래서 지금은 의식적으로나 무의식적으로 떠올린 많은 것들이 말과 행동을 점유하기 위해 각축하는 순간이기도 합니다.

이 풍성한 지금에서 어디에 의식적인 초점을 두느냐에 따라 지금은 완전히 다른 순간이 됩니다. '흔들다리 효과'를 다시 생각해봅시다. 흔들다리 위에서 까마득한 아래만 보고 있다면 고소공포를 경험하는 순간이 될 것이고, 하필 내 눈앞에 있는 사람을 보고 마음이 흔들린다면 사랑에 빠지는 순간이 될 것이며, 흔들다리 효과에 대한 지식을 떠올린다면 지식을 체험하는 순간이 될 것입니다. 그래서 내 생각과 감정에 깨어 있기, 다른 입장에 공감하기, 지식 습득 등은 의식적인 초점을 둘 선택지를 넓혀줌으로써, 삶의 순간순간에 더 많은 주도권을 열어줄 수 있습니다.

법학과 뇌과학의 융합, 신경법학

뇌과학이 학문의 영역을 넓히는 과정에서 새롭게 탄생한 분야 중에 신경법학neurolaw이 있습니다. 신경법학이란 뇌과학 지식을 활용하여 법과 법의 처리 방식을 개선하고, 뇌에 대한 왜곡된 이해 때문에 법이 잘못 제정되거나 악용되는 것을 예방하려는 학문입니다. 2007년경부터 미국의 몇몇 대학에 신경법학 프로그램이 개설되기 시작했지요.

신경법학에서 자주 논의되는 주제로는 뇌영상 자료를 활용한 판단력 유무 판별, 뇌영상 기술을 활용한 거짓말 탐지, 중독, 청소년 뇌 발달과 양형, 자유의지 등이 있습니다. 이 중에서 앞의 세 가지를 살펴보겠습니다.

먼저 뇌손상을 보여주는 뇌영상 자료를 활용하여, 범행에 고의성이 없었다고 주장하는 경우입니다(고의성이 없었음이 인정되면 대개 형량이 줄어든다). 이때 '범죄자 뇌의 어느 영역이 손상되었다'라고 말로 듣는 것보다는 뇌영상 자료를 직접 보는 것이 훨씬 더 실감이 납니다. 뇌영상 자료를 보면 범죄자에게 판단력이 없다는 결론을 내릴 확률이 높아질 수 있는 것이지요. 하지만 비슷한 손상을 입었다고 해서 반드시 행동에 대한 통제력이 없어지는 것은 아닙니다. 대체 회로를 사용하는 등 보완에 성공하는 사람들도 있기 때문입니다. 또한 뇌는 가소성이 매우 탁월한 기관입니다. 범행 당시의 손상 정도와 촬영 당시의 손상 정도는 달랐을 수 있습니다. 그래서 뇌손상과 통제력 상실 사이의 개연성을 주장할 수는 있지만, 입증할 수는 없습니다. 뇌손상과 행동 통제력 사이에 얼마나 긴밀한 관계가 있다고 보느냐에 따라 판결이 달라지겠지요.

둘째로는 뇌영상 기술을 활용한 거짓말 탐지입니다. 거짓말 탐지는 거짓말을 할 때의 생체 활동(땀 분비, 뇌 활동 등)이 참말을 할 때와 유의미하게 다른지 판단함으로써 이루어집니다. 이 중 가장 원시적인 형태가 교감신경의 반응을 활용하는 심리생리검사polygraph입니다. 용의자의 손가락에 뭔가를 연결하고 노트북처럼 생긴 장비를 펼치는 장면을 영화나 드라마에서 한번쯤 보았을 것입니다. 이 방법은 널리 알려져 있기는 하지만 정확도가 낮다고 합니다. 미국 국립과학원NAS에서는 심리생리검사의 정확도가 낮고, 검사 대상자가 정확도를 낮추는 방법들을 쓸 수 있으므로 심리생리검사를 사용하지 말라고 권하고 있습니다. 실제로 미국과 대부분의 유럽 국가들에서는 심리생리검사가 법정 증거로 받아들여지지 않고 있습니다.

최근에는 심리생리검사를 대신해 기능적 자기공명영상fMRI이나 뇌파를 활용한 다른 검사들이 연구되고 있습니다. 이 검사들은 검사 대상자가 거짓말을 할 때와 참말을 할 때의 뇌 활동을 컴퓨터에 학습시킨 후 거짓말을 판별하는 방식으로 작동합니다. 다만 검사 대상자가 학습 단계에서 참말을 해야 할 때 거짓말을 하고, 거짓말을 해야 할 때 참말을 하면 학습 자체가 이루어지지 않아서 현실에 적용하기가 어렵습니다. 또한 어떻게든 학습을 시키더라도 '편안한 실험실에서의 뇌 활동을 인생이 걸린 재판처럼 긴장되는 순간의 뇌 활동과 비교하기 어렵다'는 문제가 남습니다. 그래서 뇌영상을 활용한 거짓말 탐지는 아직 신뢰하기 어렵다는 의견이 지배적입니다.

끝으로 중독입니다. 중독이 도덕적 해이가 아닌 질병이라는 데에는 대다수의 뇌과학자가 동의하고 있습니다. 중독에 빠지면 뇌의 구조와 단백질 분포, 유전자 발현 패턴이 바뀌며, 그 결과 뇌가 자기 행동을 통제하기 힘든 쪽으로 변하기 때문입니다. 중독이 도덕적 해이가 아닌 질병이라는 주장은, 미국의 마약사범이 유럽 전체의 재소자 숫자보다 많다는 미국 정부의 고충과도 얽혀 있습니다. 마약사범들을 감옥에 가두어봤자, 별 효과가 없었던 것입니다. 반면에 뇌과학에 근거한 치료가 중독에 어느 정도 효과적이라는 연구 결과는 조금씩 누적되고 있습니다. 스트레스가 높을수록 중독에 빠질 위험도 높고 재발할 위험도 커지기 때문에, 뇌과학자들 사이에서는 중독 환자를 감옥에 가두기보다는 치료를 해야 하며 사회 안전망도 확충해야 한다는 의견도 나오고 있습니다.

모든 연습은 신경계를 바꿉니다. 약물 치료뿐만 아니라 마약의 유혹에 저항하는 연습도 신경계를 변화시키므로, 지금처럼 환자의 의지를 기르는 훈련은 여전히 중요합니다. 더불어 사회 안전망의 확충, 신경과학에 근거한 치료 등으로 보완할 수 있다면 더욱 좋겠지요.

마치며

뇌는 마음과 가장 긴밀하게 연관된 신체 기관입니다. 그래서 뇌를 이해한다는 것은 인간을 이해하는 것이기도 합니다. 인간의 삶에 깊은 영향을 주는 법이 인간을 더 온전하게 이해하기를, 그래서 더욱 인간다운 사회가 되어가기를 바랍니다.

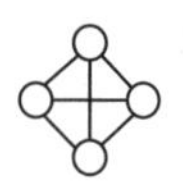

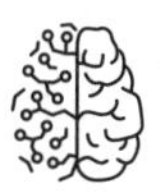

3부

과학기술과 사회

08 인공지능의 역사와 미래 | 정지훈 |

09 에너지 전환의 쟁점과 과제 | 윤순진 |

10 기후변화와 미세먼지의 과학 | 윤순창 |

11 재난과 위험사회 | 박범순 |

12 규제과학과 신기술 | 이두갑 |

13 과학기술정책의 기초와 맥락 | 박상욱 |

08

인공지능의 역사와 미래

정지훈
모두의연구소 최고비전책임자

AI(인공지능)는 매우 크고 광범위한 변화의 흐름입니다. 인공지능 기술의 발달로 인간의 역할 또한 크게 변화할 것이기 때문에 우리는 이 변화를 잘 알아둘 필요가 있고, 개념도 여러 가지로 나눠서 살펴봐야 합니다. 과거, 현재, 미래의 AI는 각각 그 방향과 이슈가 다릅니다.

흔히 AI를 Artificial Intelligence의 약자라고 하지만, AI는 기술을 이용해 인간의 인지 능력과 사고력을 높이는 것이기 때문에 저는 Augmented Intelligence(강화된 지능)의 약자라는 말을 더 선호합니다.

인공지능의 탄생과 두 번의 인공지능 붐

AI라는 용어는 1956년에 탄생했습니다. 1956년에 미국 다트머스 대학교에서 '다트머스 컨퍼런스'가 열렸습니다. 이 워크숍에 11명의 사람이 모였고, 그중 존 매카시John McCarthy라는 컴퓨터과학자가 하나의 알고리즘을 시연합니다. 당시에는 AI보다 자동화가 중요한 화두였고, 기술적 흐름을 선도하던 회사는 IBMIntelligent Business Machine이었습니다. IBM을 직역하면 '지능형 작업을 위한 기계'라는 의미입니다. 당시만 해도 가장 많은 매출을 기록한 기계가 IBM에서 만든 출퇴근 시간 기록용 기계였습니다.

같은 시기 매카시는 수학에서의 증명을 기계를 통해서 할 수 있음을 시연하고자 했습니다. 그는 '자동화의 미래는 어디까지 갈 수 있을까'를 이야기하기 위해 미국의 유명한 학자들한테 메일을 보냈고, 결국 IBM 관계자 3명과, 자동화 또는 생각하는 기계thinking machine를 연구하는 교수 7명을 초대해 한 달이 넘는 기간 워크숍을 연 것입니다. 이 워크숍에서 매카시가 최초로 Artificial Intelligence라는 말을 썼습니다.

이때 모인 사람들을 AI의 뿌리라고 할 수 있습니다. 이들은 전공이 각기 달랐기 때문에 AI 기술을 각자 독특한 스타일로 받아들였습니다. 먼저 마빈 민스키Marvin Minsky는 MIT의 교수로 MIT에 AI 연구소를 만든 사람이고 《마음의 사회The Society of Mind》라는 유명한 책을 집필했습니다. 민스키는 기계로 뉴런과 같은 작은 신경단위를 만들어서 오늘날의 AI 붐의 토대를 만든 인물입니다.

1960년대에 첫 번째 AI 붐이 일어났습니다. 냉전이라는 국제적 요인이 겹쳐 미국 국방부와 항공우주국NASA이 AI 분야에 수조 원을 투입했습니다. 〈2001 스페이스 오디세이〉, 〈스타 트렉〉 같은 우주과학 영화까지 나오면서 컴퓨터에 대한 관심이 최고조에 이르렀습니다. 문제는 현재 가치로 환산하면 100조 원 정도 되는 돈을 AI 기술에 투자했음에도 대단한 무언가가 나오지 않았다는 것입니다. 민스키는 MIT에 미디어랩을 함께 만든 시모어 페퍼트Seymour Papert 교수와 함께, 신경망 커넥션의 가장 기초적인 소자라고 할 수 있는 퍼셉트론perceptron으로는 XOR 논리회로를 만들 수 없다는 것을 수학적으로 증명했습니다. 시장에서도 거품이 크다는 반응이 많던 와중에 1969년에 민스키와 페퍼트의 증명까지 겹쳐 거품이 팍 꺼집니다.

그 후 17년의 시간이 지나가고 말았습니다. 1986년에 오늘날의 딥러닝 시초 이론을 낸 제프리 힌턴Geoffrey Hinton 교수의 연구팀이, 신경망을 여러 층으로 엮으면 민스키와 페퍼트가 불가능하다고 한 논리회로를 계산할 수 있다는 것을 증명해냈습니다. 사실 민스키와 페퍼트는 한 층의 회로로는 논리회로를 만들 수 없다는 것을 증명했을 뿐이었는데, AI 붐을 일으킨 뒤 거품을 크게 꺼뜨려 17년의 시간을 없애버린 셈이 되었습니다.

다트머스 컨퍼런스가 열리기 전인 1948년에는 또 다른 중요한 연구가 나왔습니다. 다트머스 컨퍼런스의 참석자였던 벨 연구소의 클로드 섀넌Claude Shannon이 정보이론을 발표했고, 존 튜키John Tukey의 메모에서 착안해 데이터의 단위인 비트bit라는 말을 사용하기 시작했습니다. 수학자였던 섀넌은 모든 정보를 엔트로피로 계산할 수 있고, 엔트로피 정보량을 이용해서 정보를 압축하는 법을 연구했습니다. 최근 딥러닝에 이용되는 지표 중, 분포의 차이를 계산해 학습하도록 만드는 계량적 지표로 이러한 정보량 지표를 많이 사용합니다. 그래서 정보이론이 다시 동원되고 있습니다.

레이 솔로모노프Ray Solomonoff는 논리학자입니다. 아리스토텔레스의 삼단논법 이후에 19세기의 수학자 불George Boole이 논리-대수를 만들었는데, 솔로모노프는 이것을 집합론과 함께 발전시켜 수학의 기호 간 체인을 만들어 연역, 논리 추론을 정립했습니다. 가장 완벽한 연역적 체계를 이용한 인공지능의 출발점은 이 사람입니다.

AI계에서 지금까지도 다수를 차지하는 갈래가 기호학파라는 학파인데, 이 사람들은 세상의 모든 것을 기호symbol로 표현할 수 있고, 이를 통해 논리학으로 완벽한 시스템을 만들 수 있다고 믿습니다. 이론적으로는 거의 완벽합니다. 수학적 완결성으로는 모든 것을 풀 수 있습니다. 문제는 그러려면 엄청난 데이터의 계산을 해내야 하는데, 현재의 컴퓨터 시스템을 이용하면 1억 년이 걸려도 그 답이 나오지 않을 정도로 계산이 복잡합니다. 하지만 지금 딥러닝이 풀지 못한 문제는 솔로모노프의 추론을 이용한 방식을 쓰려고 하고 있습니다.

앨런 뉴얼Allen Newell과 허버트 사이먼Herbert Simon은 카네기멜론대학에 두 개 학과를 만들었습니다. 처음에는 솔로모노프나 매카시처럼 수학적 논리회로를 잡는 체계를 연구했는데 갑자기 인간 심리학에 빠져 인간에 대해서 공부하고, 인간이 어떻게 인지하는지를 연구했습니다. 그리고 심리학, 뇌과학, 컴퓨터과학을 합쳐 인지과학을 발전시켰습니다. 또 인간-컴퓨터 상호작용HCI이라 주제를 연구하는 상호작용과학interaction science을 창시했습니다. 이렇게 두 개의 학문을 통해 AI를 혼자 동떨어진 것이 아니라 인간과 교류하는 도구로 만들었습니다. 현재 활동하고 있는 대부분의 AI 학자들이 거의 다트머스 컨퍼런스 참석자들의 제자들입니다.

인공지능의 두 번째 붐은 PCPersonal Computer가 등장하면서 나타납니다. PC 보급의 주역이었던 8비트 컴퓨터 애플 II가 1977년에 나옵니다. 스티브 잡스가 친구이자 동업자인 스티브 워즈니악Steve Wozniak과 함께 스물세 살 때 만들었습니다. 당시만 해도 상상조차 어려웠던 개인용 컴퓨터가 나온 것입니다. IBM 사장은 전 세계에 컴퓨터는 5개만 있어도 된다고 생각했습니다. 그런데 잡스나 빌 게이츠는 언젠가 개인이 이 컴퓨터를 쓰는 날이 올 것이라고 생각한 것이지요. 그래서 잡스는 하드웨어를, 게이츠는 소프트웨어를 만들었습니다. 1980년대 중반에는 IBM이 PC 시장에 들어왔습니다. 많은 사람들이 이때부터 컴퓨터를 처음 사용하기 시작했습니다.

사람들이 컴퓨터 프로그램을 사용해야 했기 때문에 인공지능이 다시 부상했습니다. 이 시기에는 의료계나 법조계에서 컴퓨터를 전문가용으로 사용하려고 시도했습니다. 업무에 필요한 규칙들을 프로그램화해서 판단에 활용하는 용도였는데, 이것도 오래가지 못했습니다. 어느 정도는 만족스러운 판단을 했지만 전반적인 성능이 좋지 않았기 때문입니다. 이유는 인간 사회가 불안정했기 때문이었습니다. 이 시스템을 제대로 작동시키기 위해서는 인간이 규칙을 모두 안다고 생각하고, 규칙을 다 집어넣었어야 했습니다. 그러려면 각종 판례의 모호성을 제거한 나름의 규칙들로 삼단논법을 통해 답을 낼 수 있게 만들어야 했는데, 충분한 숫자의 규칙을 모순 없이 정리하는 것이 거의 불가능했기 때문입니다.

2012년, 신경망 회로의 등장과 인공지능의 세 번째 붐

2012년에 세 번째 인공지능 붐이 일어납니다. 제프리 힌턴이 큰 기여를 했습니다. 1980년대에 힌턴이 입력된 데이터를 트레이닝하면서 수치를 교정하는 학습 알고리즘을 개발했습니다. 힌턴의 이론은 2012년 시점에서 약 30년 전에 나왔습니다. 그런데 새로운 이론이 나오면 믿는 사람은 극소수입니다. 특히 기호학파를 비롯해 논리적 완결성을 중시하는 사람들은 이런 모호한 이론을 좋아하지 않았습니다. 아무도 믿어주지 않으니 소수의 연구자들만 이것을 증명하려고 노력했습니다. 연산량이 굉장히 많이 필요했기 때문에 증명하는데 30년이라는 긴 세월이 걸린 것입니다.

2012년부터 컴퓨터의 기술적 한계가 극복되기 시작했습니다. 먼저 게임 산업이 성장하면서 게임 연산 하드웨어를 만드는 회사가 연구 스폰서가 되었기 때문입니다. 인공지능 연산과 3D 그래픽 연산의 계산식이 거의 동일했기에 가능한 일이었습니다. NVIDIA라는 그래픽 장치 회사는 원래 3D 전략 시뮬레이션 게임, 슈팅 게임을 지원했습니다. 이런 게임이 잘 구동되게 하려면 GPU(그래픽처리장치)라는 좋은 하드웨어가 필요한데, 이 장치가 굉장히 비쌌습니다. 그런데 힌턴이 신경망 연산식이 동일한 것을 알고 이 하드웨어를 써보니 답이 굉장히 빨리 나왔습니다. 힌턴은 이 GPU를 사용해서 신경망 인공지능을 테스트하고 또 발전시켰습니다.

데이터도 급속히 증가하기 시작했습니다. 인터넷, 모바일 시대가 되면서 수많은 사람들이 데이터를 생산하기 시작했습니다. SNS의 경우, 사진을 올리며 어디서 누구와 찍었는지까지 스스로 기입하는 것처럼, 사람들은 누가 시키지도 않았는데 데이터에 답까지 달기 시작했습니다. 활용 가능한 데이터 양이 기하급수적으로 늘어난 것입니다.

이렇게 속도와 데이터가 확보되었습니다. 이 알고리즘을 처리할 수 있는 것도 30년 전에 나왔습니다. 뉴욕대학의 얀 르쾽Yann LeCun, 몬트리올대학의 요슈아 벤지오Yoshua Bengio, 토론토대학의 힌턴이 연구를 했습니다. 이 학교들은 컴퓨터과학계의 전통적인 강자가 아니었는데도 혁명적인 것들을 발명해냈습니다. 주류에서는 믿지 않았던 분야들이었기 때문에 가능했던 것이지요. 우리나라나 일본에서도 1990년대 말 이후 신경망 연구가 별로 좋은 결과가 나오지 않는 연구로 인식되었기 때문에, 관련된 기술을 적용한 연구조차 인공신경망이라는 말을 잘 쓰지 못하고 데이터 마이닝 또는 데이터 웨어하우징 같은 용어로 포장하는 경우가 많았습니다.

2012년의 세 번째 인공지능 붐은 세 단계를 거쳐 일어났습니다. 1단계는 신경망 알고리즘을 처음 만든 힌턴에서 시작합니다. 힌턴은 원래 학부에서 철학을 전공했습니다. 석사는 심리학, 박사는 컴퓨터과학을 전공했습니다. 물리학을 하려다가 어려워서 철학을 했다고 합니다. 자신의 전공에 맞게 인간의 뇌가 돌아가는 방식과 컴퓨터를 비슷하게 만들려고 했고, 학습이론을 개발했습니다.

신경망 연구자들은 인공지능계의 주류가 아니어서 연구비를 확보하기가 쉽지 않았기에 힌턴은 CIFAR(캐나다고등연구소)에 도움을 요청했습니다. 그는 인간과 컴퓨터가 비슷하다는 샘플을 활용해 프로그램의 개발에 성공한다면, 컴퓨터를 인지 능력을 가진 기계로 활용할 수 있음을 설명하며 지원을 요청했습니다. CIFAR에서는 10년간 총 2천만 달러, 1년에 약 20억 원을 지원해주었습니다. 4개 학교가 참여해 5억 원씩 받았기 때문에 큰돈은 아니었습니다. 긴 기간의 연구를 거쳐 2008년에는 관련 논문이 한두 개씩 발표되었고, 프로젝트가 끝나기 2년 전인 2012년에 사진을 감별하는 기술을 개발하는 데 성공했습니다.

비슷한 시기에 스탠퍼드대의 리 페이페이Li Fei-Fei 교수는 그림 감별 실험을 했습니다. 리는 세탁소를 운영하면서 번 돈으로 이미지에 라벨링labeling(데이터에 이름을 붙이는 작업)을 했다고 합니다. 먼저 대학원생들을 대상으로 사진 감별 실험을 해보니 20개 중 1개 정도 틀린다는 것을 알게 되었습니다. 인간의 오류율은 5퍼센트였지요. 이후 전 세계 AI와 머신러닝을 대상으로 실험해서 제일 뛰어난 것을 뽑았는데 오류율이 30퍼센트였습니다. 그다음에는 28퍼센트, 27퍼센트로 내려갔습니다. 1년에 고작 몇 퍼센트씩 좋아졌기 때문에 연구자들은 앞으로 더 좋아지는 것인지 의구심을 갖기도 했습니다. 그런데 혜성과 같이 나타난 토론토대의 슈퍼비전팀이 15퍼센트를 돌파했습니다. 바로 힌턴의 제자가 개발해낸 인공지능이었습니다. 이러면서 신경망 이론이 다시 등장하고, 이것을 오픈소스로 공개하면서 수많은 사람들이 참여했습니다. 이상이 1단계입니다. 이렇게 처음 인정받을 때까지가 가장 긴 시간이 걸렸습니다. 아무도 믿어주지 않고, 지원도 해주지 않으니 30년이나 걸렸습니다.

2012년에 성능이 대폭 좋아지고 연구자가 늘어나면서 2단계가 열렸습니다. 연구자들은 이런저런 네트워크의 구조를 바꾸고, 학습 데이터를 더 많이 넣어서 학습을 시키는 등 다양한 개량을 시도해 오류율을 10퍼센트까지 낮추었습니다. 2015년에는 3.3퍼센트를 기록하면서 드디어 인간을 넘어섰습니다. 지금은 1.6퍼센트 아래로 내려갔기 때문에 더 이상 인간과의 경쟁을 하지 말자고 합니다. 대신 더 어려운 문제를 풀거나 계산 과정을 줄여 성능을 향상시키는 연구를 하고 있고, 에너지당 효율 또한 개선하고 있습니다.

오픈소스를 통해서 이 데이터가 공개되었습니다. 관련 학술자료도 없이 바로 공개되면서 수많은 사람들이 이미지 감별뿐 아니라 여러 가지에 적용할 수 있었습니다. 음성 파일 감별에도 사용되었습니다. 최근에는 음성 감별에서도 기계가 인간을 넘어섰습니다. 구글 번역기가 갑자기 좋아진 것도 딥러닝과 관련이 있고, 영상을 실시간으로 처리하는 기법은 자율주행 자동차를 낳기도 했습니다. 이상이 2014년까지 이루어진 엄청난 발전입니다.

3단계에는 인공지능이 미래를 바꿀 것이라는 생각이 퍼지기 시작하면서 업계를 선도하는 기업들이 자본을 투자하기 시작했습니다. 오류율을 획기적으로 개선했던 토론토대의 슈퍼비전팀은 그 후에 작은 회사를 차렸는데, 구글이 연구자 10명이 전부였던 이 회사를 3000억 원에 인수했습니다. 10명 규모였으니 1인당 300억 원을 받은 셈입니다. 한명씩 스카우트했다면 기껏해야 연봉 수억 원을 주는 것이 최선의 대우였을 텐데, 거액을 투자해서 팀 전체를 데려온 것이지요. 그리고 힌턴을 구글AI(舊 구글 브레인)의 수장으로 데려와서 구글의 상징과 같은 인물로 만들었습니다.

AI가 세상의 판도를 바꿀 것이라 생각하고 구글 이상으로 엄청난 투자를 한 기업이 페이스북입니다. 페이스북은 뉴욕대학의 르쿵을 AI 리서치의 수장으로 스카우트했습니다. 프랑스인인 르쿵을 위해 본부를 뉴욕과 함께 파리에도 만들 정도였습니다. 구글은 2016년 알파고AlphaGo를 선보였던 영국의 벤처기업 딥마인드도 인수했습니다. 마이크로소프트는 몬트리올대학의 팀을 반쯤 인수했습니다. 대내외에 거의 알려지지 않았지만 이 시기에 삼성전자 또한 러시아 팀을 인수했습니다. 일본도 비슷한 기업들이 등장하기 시작한 상황이었습니다. 이렇게 전 세계가 미래의 먹거리에 투자하기 시작한 것입니다. 연구 기금의 주도권이 과학기술계에서 기업으로 넘어간 것이지요. 그래서 지금은 대학에서 사람을 많이 못 구하고 있습니다. 실력 있는 사람들이 대학 교수를 노리기보다는 이미 기업에 있거나 기업으로 가려고 합니다. 더 좋은 연구 환경을 보장하고, 더 나은 대우를 해주기 때문입니다.

2016년의 알파고 쇼크

2016년에는 우리에게도 크나큰 충격을 안겨주었던 알파고가 등장했습니다. 알파고는 구글 딥마인드가 2014년부터 투자해 개발한 프로그램인데, 다소 생뚱맞게 바둑을 했습니다. 강화학습, 딥러닝, 신경망 등을 이용해서 왜 바둑을 했을까요? 1997년에 체스 프로그램인 딥블루DeepBlue가 인간 챔피언을 꺾었지만, 바둑은 체스보다 훨씬 복잡하다는 이유로 기계가 인간을 절대 뛰어넘을 수 없을 것이라는 편견이 있었기 때문입니다. 바둑계 대부분의 사람들이 이세돌이 이길 것이라고 예측했는데 알파고가 4대 1로 이세돌을 이겼습니다.

딥마인드가 바둑을 선택한 것은 굉장히 전략적인, 일종의 마케팅이었습니다. 알파고의 파급력은 엄청났습니다. AI가 인간 의사보다 암 진단을 잘할 수 있게 되었다고 하는 것보다 바둑에서 인간을 이긴 일이 더 극적이었습니다. 2014년부터 전 세계 기업들이 인공지능 개발에 매진하고 있었기 때문에 구글이 더 확실하게 홍보해야 하는 점도 바둑을 선택한 이유였습니다. 그 무렵 IBM은 왓슨을, 애플은 챗봇chatbot인 시리Siri를 발표했기 때문입니다.

알파고가 출시되기 1년 전인 2015년 통계만 보더라도 결국 컴퓨터 프로그래밍을 하는 사람이 직접 AI의 핵심 알고리즘을 개발하기보다는 이런 코어 알고리즘을 잘 사용할 수 있게 도와주는 라이브러리를 써야 했습니다. 그러려면 라이브러리의 시장 점유율이 중요했습니다. 사람들이 더 많이 쓰는 라이브러리일수록 더 많은 사람들이 정보를 공유하게 되고, 정보의 공유가 많고 사용 노하우가 많아지면 해당 라이브러리로 쏠림 현상이 일어날 것이기 때문입니다.

2015년에는 지금과 달리 회사마다 자체 딥러닝 프레임워크/라이브러리를 가지고 있었습니다. 소위 명문대 한 곳에서 개발한 것도 여러 개여서 어떤 프로그램이 최고라고 선불리 말하기 어려웠습니다. 그런데 경영학에서 말하는 캐즘chasm(신기술이 개발된 뒤 시장에 보급될 때까지 수요가 정체되는 현상)을 알파고가 극복해낸 것입니다. 캐즘을 극복하고 AI를 널리 퍼뜨리는 다리 역할을 하면서 모든 사람들이 구글과 구글의 자회사인 딥마인드가 AI 분야에서 최고라고 인식하게 만든 것이지요.

구글은 텐서플로우TensorFlow라는 인공지능 프레임워크를 오픈소스로 공개해서 누구나 이것을 쓸 수 있게 했습니다. 알파고가 이세돌을 이긴 뒤에는 이 프레임워크를 업그레이드하면서 더욱 본격적으로 홍보하기 시작합니다. 그러자 코딩을 잘하는 사람들이 텐서플로우로 인공지능을 공부하기 시작했습니다. 2015년만 하더라도 1등 프레임워크/라이브러리가 약 10퍼센트의 시장점유율을 차지하고 있었는데, 2016년 알파고가 등장한 뒤에는 구글이 70퍼센트, 페이스북이 20퍼센트로 점유율이 크게 쏠리기 시작했습니다. 아마존, 마이크로소프트와 그 외 회사들이 개발한 것들은 3등부터 10등까지 합쳐도 10퍼센트가 되지 못할 정도로 알파고의 홍보 효과는 대단했습니다.

인공지능 프레임워크 개발 전쟁은 사실 구글과 페이스북이 이미 승리한 게임이나 다름없다고 할 수 있습니다. 플랫폼 산업은 보통 1

등과 2등이 대부분의 시장을 점유하기 때문입니다. 1등이 압도적이더라도 1등 프로그램을 선호하지 않는 사람은 어디에나 있기 때문에 2등은 일정한 점유율을 유지할 수 있습니다. 그래서 플랫폼 산업에서는 적어도 3등 안에 진입해야 합니다.

2017년에는 알파고제로라는 알파고의 업그레이드 버전이 나왔습니다. 알파고제로는 당시 바둑 세계랭킹 1위인 중국의 커제, 중국 기사 5명과 대결했습니다. 인간의 기보도 학습하지 않고 대국을 펼쳤습니다. 이번에는 왜 중국에 가서 바둑을 두었을까요? 이미 이세돌을 이겼는데 사람과 또 대결하는 것이 어떤 의미가 있었을까요? 중국 시장에서 영향을 넓히기 위해서라는 얘기도 있었지만, 그건 아닌 것 같습니다. 알파고와 알파고제로는 68승 1패의 성적을 거두고 은퇴했습니다. 그리고 트윗 두 개를 남겼습니다. 이 트윗이 나오는 순간 한 미국 회사의 주가가 25퍼센트 떨어졌습니다.

①알파고제로가 1년 전(2016)에 이세돌 9단과 대국했던 알파고보다 더 잘했다.

그동안 딥러닝 기술이 향상되었으니 이것은 당연한 일입니다. 두 번째가 재미있습니다.

②2016년의 기존 알파고는 GPU 기반의 값비싼 하드웨어가 필요했지만 이번 알파고제로는 텐서플로우에 최적화된 아주 저렴한 칩을 개발해서 사용했다.

이 트윗 때문에 NVIDIA의 주가가 폭락했습니다. 그럴 수밖에 없었던 것이, NVIDIA 대표가 NVIDIA가 AI의 선두주자라고 얘기해왔고,

NVIDIA가 실제로 하드웨어 부문에서 독점적인 시장을 형성했기 때문입니다. 그러나 NVIDIA의 독점이 깨질 것으로 생각한 투자자들이 주식을 매도했던 것입니다.

NVIDIA는 3D 게임들 덕분에 돈을 벌던 회사였는데, 딥러닝 라이브러리를 개발하던 여러 사람이 GPU 중 우연히 NVIDIA의 GPU를 썼던 것입니다. 이때부터 NVIDIA의 독점이 지속되었던 것이지요. 그런데 구글 딥마인드에서 알파고와 알파고제로에 자체 개발한 값싼 칩을 썼다고 발표했던 것입니다. 이 사건 이후 시장에서 새로운 움직임이 나타났습니다. 구글은 인터넷, 클라우드 서비스가 주요 서비스이기 때문에 주 경쟁자가 NVIDIA가 아니라 아마존입니다. 그래서 AI 기술을 이용해 클라우드 시장에서 선두로 올라서려고 했습니다. 이후에 구글이 굳이 하드웨어에 집중할 이유가 없었기 때문에 NVIDIA가 시장에서의 위상을 회복했습니다. 하지만 동시에 NVIDIA는 이제 구글을 위협으로 느껴 딥러닝 연구소를 만들고 클라우드 서비스와 하드웨어를 같이 제공하기 시작했습니다. 클라우드 회사인 구글이 칩을 만들고, 칩을 만들던 NVIDIA가 소프트웨어를 개발하는 식으로 각자의 영역을 넓혔습니다. 이제 하드웨어 회사는 하드웨어만, 소프트웨어 회사는 소프트웨어만 연구하는 시대가 아니라 경계가 없어졌습니다.

딥러닝은 이상의 과정을 거쳐 30년간 성장하게 되었습니다. 우리나라는 2010년 이후 뛰어든 후발주자입니다. 네이버나 카카오, 삼성전자 등이 열심히 노력하고 있지만 아직은 역부족입니다.

계속 바뀌는 전 세계 AI계의 판도

1960년대로 돌아가 보면, 인공지능 발달의 또 다른 갈래가 있었습니다. 미국 국립과학재단NSF을 만들고 DARPA(방위고등연구계획국)의 창시하는 데 영향을 주었던 조셉 릭라이더Joseph Licklider는 인간과 기계가 파트너십을 맺어 인간의 뇌를 확장하는 것이 우리가 걸어야 할 길이라고 했습니다. 그리고 이것이 AI보다 중요하다고 얘기했습니다.

1968년에 미국의 발명가인 더글러스 엥겔바트Douglas Engelbart는 1968년 아주 유명한 시연demonstration에서 마우스를 이용한 발표를 했습니다. 레이저 펜을 써서 화면에 직접 그릴 수 있는 도구도 만들었습니다. 그리고 오늘날 모든 demo의 어머니Mothers of All Demos라는 별명을 가진, 지금의 프레젠테이션이라는 개념을 처음 선보입니다.

엥겔바트는 기존의 컴퓨터 석학들을 거세게 비판했습니다. 컴퓨터는 인간의 지능을 증대하기 위해 존재하지, 그 자체만으로 존재하지 않는다는 것입니다. 다트머스 컨퍼런스에 참석한 AI의 아버지들은 수학, 논리학을 많이 했기 때문에 수학 증명을 하든지, 체스를 해서 이기는 것을 주로 발명했습니다. 그리고 컴퓨터 프로그램이 나의 분신이 되어 나를 능가하기를 원했습니다. 신이 인간을 창조한 것처럼, 내가 만든 인간(인공지능)이 신(인간)을 넘기를 바랐던 것입니다. 그런데 엥겔바트는 이런 것을 도대체 왜 만드는지 의문을 가졌습니다.

엥겔바트는 마우스를 개발했습니다. 당시의 컴퓨터는 명령어 인터페이스여서, MS-DOS처럼 명령어를 외워 컴퓨터가 이해할 수 있게 치지 않으면 오류가 날 뿐이었습니다. 명령어 인터페이스는 전문가만 쓸 수 있지만, 마우스를 이용한 포인트 앤 클릭point and click 방식의 GUI(그래픽 사용자 환경)은 2살 아이부터 80살 노인까지 누구나 쉽게 사용할 수 있습니다. 누구나 컴퓨터를 다룰 수 있게 되면서 컴퓨터 프로그램의 수요가 폭발했습니다. 엥겔바트는 이렇게 인간과 기계가 협력해서 문제를 해결하는 방식으로 판도를 바꿨습니다.

마이크로소프트에서 윈도우 95를 출시하고 웹 브라우저가 만들어지면서 드디어 컴퓨터가 대중적으로 사용되었습니다. 이것이 인간-컴퓨터 상호작용HCI의 대표적인 예입니다. 쉽게 말해 Artificial Intelligence는 수학이나 컴퓨터과학을 하는 사람들이 주로 좋아하는 것이고, 컴퓨터와 인간이 본질적으로 어떻게 관련이 있는지는 다루지 않습니다. 반면에 Augmented Intelligence는 실생활의 문제를 인간과 인공지능이 같이 풀어내는 게 핵심입니다.

앞으로의 AI가 풀어야 할 문제들이 많습니다. 많은 수의 문제들에 포함된 데이터들은 불명확하고, 추상적이고, 모호성을 가지고 있으며 수식도 부정확합니다. 이런 와중에도 비슷한 것, 일관성을 찾아내야 합니다. 구체적으로는 (인간에게 편리한) 일관성의 범위를 어디까지 설정해야 하는지의 문제도 있을 것입니다. 논리적으로는 아무리 옳더라도 잘못된 판단이나 결정이 있을 수 있다는 것도 인지해야 하고, 복잡한 프로세스를 거칠 때 정답이 바뀌거나 여러 개일 수 있다는 것도 알아야 합니다. 이런 문제들을 제대로 풀기 위해서 인간과 컴퓨터가 협력해야 합니다.

2016년을 기준으로 AI계의 흐름이 또 바뀌기 시작했습니다. 2016년 이전까지는 어떤 AI 시스템이 시장을 선점하는지가 중요했기에 구글이 알파고를 내놓았고, 결국 구글과 페이스북이 시장점유율의 90퍼센트를 차지했습니다. 그런데 1등이 너무 크게 앞서가니 최근에는 2등과 3, 4등이 손을 잡았습니다. 페이스북, 아마존, 마이크로소프트가 협력하기 시작한 것입니다. 아마존이 클라우드를, 마이크로소프트가 도구를 제공하되 서로 호환이 가능하게 하고 표준도 함께 만들어서 합쳤습니다. 구글은 어쨌든 혼자 70퍼센트를 독식하고 있으니까 이를 무시하고 있습니다.

하드웨어 제조사 간의 싸움도 재미있습니다. 하드웨어는 가격이나 규격의 문제로 사용에 한계가 있습니다. AI 학습에 쓰이는 GPU는 아주 크고 비싸서 일반 컴퓨터에는 쓰기 어렵고 연구소나 고사양 컴퓨터를 갖춘 PC방 또는 자율주행차에서 쓸 수 있습니다. 자율주행차에는 GPU가 8개 이상씩 탑재된 전용보드 등이 내장되어 있습니다. 최근에는 스마트폰에도 넣을 수 있는 칩이 개발되었습니다. 스마트폰 CPU에 신경망 처리가 가능한 칩을 넣으면 인공지능을 활용하기가 쉬워집니다. 그래서 작년부터는 새로 출시되는 스마트폰에 인공지능 칩과 관련된 기술들이 들어가 있습니다. 이 분야에서 뛰어난 회사로 인텔Intel이 있습니다. 윈도우 PC 시절에 인텔의 칩과 마이크로소프트의 윈도우가 시장의 90퍼센트 이상을 차지하고 있었는데 모바일 시대에 진입하면서 몰락하고, 퀄컴Qualcomm이 ARM 기반의 칩을 통신 칩과 함께 하나의 칩으로 만들어서 완전히 시장을 장악했습니다. 그런데 이제 인공지능 칩이 중요해지면서 하드웨어 전쟁이 크게 일어나고 있습니다. 중국에는 웹캠과 연관된 저렴한 칩을 만들어서 공급하는 회사도 있는데, 이 칩은 주로 드론에 들어갑니다. 중국산 드론 중에는 60만 원밖에 안 되는 제품도 손동작을 인식해서 명령대로 움직이는 것도 있습니다. 굉장히 작고 저렴한 인공지능 칩이 있어야만 가능한 것입니다.

세 번째는 상용화 싸움입니다. 제품을 만들려면 당연히 제품의 사용 환경을 잘 알아야 합니다. 요즘 인공지능 스피커가 많이 나오고 있습니다. 왜 그러냐 하면, PC 시대에는 정보를 찾으려면 네이버 같은 검색엔진에 접속해야 했는데 모바일 시대가 되니 검색보다는 채팅이 중요해서 모바일 메신저의 시대가 왔기 때문입니다. 유튜브나 인스타그램이 부상하면서 영상이나 사진이 중요해졌습니다. 이렇게 크고 작은 데이터나 보이지 않는 데이터 등 데이터의 종류가 많아졌는데, 이런 것을 다 눈으로 보고 타자를 칠 수 없기 때문에 말로 해야 합니다. 그래서 지금 음성인식 기술이 계속 발전하고 있습니다. 다른 나라는 아마존, 구글처럼 인터넷 회사가 주로 이 시장에 진입하고 있는데 한국은 이동통신사까지 참가한 이 판이 어떻게 될지 궁금합니다. 인터넷 초창기였던 야후, 구글 등이 벌이던 검색전쟁만큼이나 흥미로운 상황입니다.

기술만 고려하면 1등인 구글이 시장을 끌고 나가야 자연스러운데, 전 세계 시장점유율 1등은 약 70퍼센트를 차지한 아마존입니다. 이것이 흥미로운 일이고, 시사하는 바가 큽니다. 인공지능 스피커

제품에 대한 테스트로 5000쌍 정도의 적절한 질문-답을 이용해서 얼마나 잘 답변을 하는지 측정하는 연구가 진행된 적이 있는데, 이 분야에서 구글이 단연 1등입니다. 3분의 2 정도를 제대로 답했다고 합니다. 이 테스트에서 하위권을 기록한 제품은 애플의 시리와 아마존의 알렉사입니다. 정답률이 20퍼센트밖에 되지 않았습니다. 그런데 알렉사가 시장점유율 1등에 올라갔습니다. 알렉사는 20퍼센트밖에 답을 못 해도 아마존은 유통망을 가진 회사이기 때문입니다. 그래서 아마존이 음성인식 스피커를 대량으로 생산, 유통해서 자연스럽게 천만 대 이상을 보급한 이후, 다른 여러 회사들과 함께 2017년에 알렉사를 도입한 제품이 대량으로 나오면서 지원하는 서비스들이 무척 많아졌습니다. 기술이 전부가 아니라는 것을 보여준 사례입니다.

2015년에 아마존의 AI 스피커가 출시될 무렵에는 지금과 달리 사람들이 다들 미쳤다고 했습니다. 아무도 사지 않을 것이라는 의견이

아마존의 인공지능 스피커 '에코'

많았습니다. 사실 스마트폰의 AI 에이전트를 잘 쓰나요? 빅스비나 시리를 활발히 쓰는 사람은 많지 않습니다. 눈으로 보고 누르면 작동하는데, 음성인식은 불편합니다.

이런 물건은 어딘가에 고정해놓고 쓰는 게 좋을 것입니다. 그럼 소리도 멀리까지 전달되어야 하니까 스피커 형태가 되어야 합니다. 주 고객은 이동하면서 쓰지 않고, 직장에서 쓰지 않는 사람, 즉 집에 머무는 사람이 될 것입니다. 주부가 타깃이 됩니다. 주부는 이 스피커를 주방에 놓을까요? 보통 거실에 놓습니다. 사용 공간은 주방도 되고 방도 될 것입니다. 그러면 먼 거리에서 음성을 인식해야 하기 때문에 마이크와 스피커의 성능이 좋아야 합니다. 그래서 아마존 에코의 첫 모델에는 마이크가 8개 달렸습니다. 스피커는 우퍼와 트위터가 결합되어 있어서 건너편 방에서도 들립니다. 이런 기능이 갖춰지니 주부들이 구매하기 시작해서 마구 팔려나가게 되었습니다.

이런 것이 제품을 기획하는 능력입니다. 얼마나 제품을 잘 개발하는가의 문제는 기술을 누가 잘 발명하는가의 문제와 다릅니다. 고객을 많이 확보해 더 많은 사람들이 쓸수록 기술이 더 뛰어난 경쟁자를 앞설 수 있습니다. 그래서 고객이 상품을 원하는 단계에 들어가면, 상품을 잘 만들고 고객을 잘 이해하는 게 중요하기 때문에 주도권 경쟁은 연구자가 아니라 기획자나 마케터의 몫으로 넘어갑니다. 그래서 저는 딥러닝이나 AI 공부를 하는 학생들에게 지금은 연구와 관련한 분야로 나가기에는 이미 늦은 시기라고 이야기합니다. 곧 너무 많은 연구자들이 배출되면, 연구자는 많은데 정작 좋은 제품을 만드는 사람들은 적은 상황이 올 것입니다. AI를 기술로만 이해하고 선두 기업에 입사하는 것이 능사가 아니라 기술을 통해 어떻게 문제를 풀고, 어떤 제품을 만들어야 하는가를 고민해야 할 단계인 것입니다.

현재와 미래의 AI 기술의 이슈들

AI 기술 중 지금 가장 큰 화두는 생성형generative 또는 창조형creative AI 기술입니다. AI는 복잡해 보이지만, 우리 뇌와 비슷합니다. 우리 뇌로는 데이터가 계속해서 눈, 귀, 손과 같은 신경으로 입력됩니다. 뇌는 깔때기와 같이 종합된 정보를 걸러 궁극적인 문제에 답하려고 합니다. 개와 고양이 사진을 보고 여러 데이터를 받을 수 있겠지만, 이것이 개인지 고양이인지 판단하는 것으로 정보를 걸러 범위를 좁혀 문제를 풉니다. 이것은 분석형 AI의 일입니다. 많은 데이터를 주고 분석해서 데이터가 무엇인지 파악하라는 식입니다. 반대로 AI에게 무작위 샘플을 준 다음 기계가 알고 있는 개와 고양이를 그리라고 할 수 있습니다. 그러면 개와 고양이를 실제와 거의 비슷하게 그립니다. 이것이 생성형 AI 기술입니다. 분석이 아니라 상상력을 이용하는 것이기 때문에 아주 폭넓게 이용할 수 있습니다.

인공지능은 창의적인 작업을 할 수 없다는 편견이 깨지고 있습니다. 예를 들어 인공지능에 게임 캐릭터 중 하나를 계속 학습시킨 후에 그리라고 하면 매우 그럴듯하게 그립니다. 화풍을 학습시켜 피카소, 고흐, 모네 스타일로 그려보라고 할 수도 있습니다. 자연어 처리를 통해 소설을 쓰게 할 수 있습니다. 기술을 이용해 창작하는 사람들이 더 좋은 창작 활동을 하도록 돕는 것이지요. 사람만이 가진 독창성이라는 게 있기 때문에 창작자가 아무것도 할 수 없는 것은 아닙니다.

음악에서 처음에 힙합 디제잉이라는 장르가 나왔을 때 음악으로 인정받지 못했습니다. 기존에 있었던 것을 섞어서 도구를 기술적으로 다룰 뿐이라고 외면받았지만, 지금은 굉장히 인기 있는 장르가 되었습니다. 인공지능도 이와 비슷합니다. 다만 인공지능의 작업은 어찌 되었든 여러 사람의 원작을 보고 학습한 것이기에 실제 원작만큼의 평가는 못 받습니다. 그래도 창작자로는 인정할 수 있는 것이지요.

그다음은 해석 가능성interpretability입니다. 인공지능이 상용화되면서 발생하는 문제입니다. 예를 들어 병원에서 폐암을 진단한다면, 조금 학습한 사람들은 65퍼센트 정도의 진단을 해냅니다. 영상학과 1, 2년차가 되면 75퍼센트, 3, 4년차가 되면 80퍼센트를 찾아냅니다. 흉부외과 전문가의 경우에는 83퍼센트 정도입니다. 그런데 요즘 AI 알고리즘 중에서 90퍼센트가 넘는 정확도를 기록하는 것들이 나옵니다. 인공지능이 인간보다 더 진단을 잘 하는 것입니다.

이런 의료 AI 기술을 상품화하기 위해 식약처의 승인을 받으려면 결과가 일관되게 잘 나온다는 것을 입증해야 합니다. 문제는 결과가 일관되게 잘 나온다고 하더라도 그 이유를 묻는다면 '잘 모른다'고 답할 수밖에 없다는 것입니다. 데이터로 알고리즘을 돌려보니 잘 나오더라고 대답하는 정도입니다. 그런데 사람이 하는 것과 격차가 크지 않다면, 이런 설명만으로는 승인을 받기 어렵습니다.

인공지능이 틀린 경우에는 더 난감합니다. '왜 놓쳤냐'고 묻는다면 제작자 쪽에서는 이것을 사람에게 이해시키기 어렵습니다. 영상의학과 교수가 놓쳤을 때는 다시 영상을 들여다보거나, 환자의 증상 등을 참고해 자신의 오류를 찾으면서 나름의 설명을 할 수 있지만, AI는 어떻게 된 것인지 답을 하지 못합니다. 이런 경우라면 승인을 받을 수 없습니다. 물론 인간보다 계속해서 더 좋은 결과를 내겠지만 틀린 이유를 설명하지 못하는 AI에 대해서는 좀 더 엄격한 잣대를 들이밀 것입니다.

상용화 단계의 AI와 관련해서 이런 어려움이 시작되면서, 이 현상을 이해할 수 있게 해달라는 요구가 늘어났습니다. 이 작업은 결국 인공지능이 인간에게 이해하기 쉽게 설명하기 위한 과정입니다. 인공지능은 왜 자신의 결론을 설명하지 못할까요? 흔히 인공지능 기술을 블랙박스라고 표현합니다. 모든 데이터가 투명하기 때문에 블랙박스는 아님에도 인간의 인지 한계 때문에 이런 이름이 붙었습니다. 예를 들어 축이 x, y 두 개인 그래프는 우리가 직관적으로 알 수 있습니다. 3차원도 이해할 수 있습니다. 그런데 4차원을 이상은 표현할 방법이 없습니다. 컴퓨터는 이것을 다 계산해내지만 인간의 인지 한계를 넘어서기 때문에 이것을 보여준다고 해도 인간이 이해할 수 없습니다. 그렇다면 인간이 인지할 수 있는 한계 내에서 설명할 수 있어야 합니다.

이 경우 인공지능에게 첫 번째로 요구되는 것은 안정성safety입니다. AI가 제대로 결정을 내렸는지 설명하기 위해서 제작자는 언제나 컴퓨터가 해당 결정을 내린 과정을 보여줄 수 있어야 합니다. 두 번째는 디버깅debugging입니다. AI가 무언가 잘못된 판단을 내렸을 때, 이유를 파악하기 위해 어떤 신경망이나 연결이 이상했는지 찾아보고 잘못된 부분이 있다면 수정할 수 있어야 합니다. 세 번째는 과학 측, 도대체 왜 이런 판단을 내렸는지를 설명하는 것이고, 네 번째는 인간의 가치와 정렬하는 가치정렬 문제입니다. 가장 위협이 되는 것이 가치정렬 문제입니다. 지금의 기술로는 특정한 한 가지 일만 수행할 때에는 제어가 가능한데, 여러 가지 일을 처리하기 위해 복수의 AI가 연결되어 있을 때 문제가 생길 수 있습니다. 예를 들어 사람이 인공지능 로봇에게 킬리만자로 커피를 타 오라고 시켰다고 가정해봅시다. 로봇은 카페에 재료가 있으면 가져올 것입니다. 만약에 없으면, 인간은 ①없다고 하거나, ②새로 사 올 것입니다. 그런데 로봇은 밖으로 나가 다른 매장에서 훔쳐올 수도 있습니다. 이 경우 킬리만자로 커피를 타 오라는 목적은 수행되겠지만, 그 과정이 사회적으로 잘못되었습니다.

인간인 우리가 시스템을 세부적인 부분까지 구성해두어야 합니다. 인간들은 도덕관념에 따라 훔치면 안 된다는 것을 알지만 기계는 모르기 때문에 이런 일이 있을 수 있습니다. 극단적인 경우 사람을 죽일 수도 있고요. 이런 경우를 방지하기 위해 로봇에게 인간이 수행하는 방식의 안전한 영역 내에서 일하는 기술이 개발되고 있습니다. 이 경우 성능이 희생될 수 있기 때문에 이런 상충 관계를 어떻게 할 것인가가 이슈입니다.

AI가 인간 사회를 이해할 수 있도록 인간이 개입하는 범위를 설정하는 문제는 또 다른 이슈입니다. 예전에는 기계에 A지점으로 가라고 명령하면 *x*, *y*, *z*축의 좌표를 놓고 움직였습니다. 하지만 AI가 계속 학습하면서 진화하다 보니 지금은 'Go to'라는 언어 자체를 이해하게 되었습니다. 인간과 기계가 언어를 똑같이 이해하는 것입니다. 이런 것은 드론 등과 같은 기계를 조종할 때에도 많이 쓰일 수 있습니다. 떨어지거나 부딪히지 않도록 조작하는 것은 인간의 능력으로 하기 어려우니, 급박한 상황이나 세부적인 조종은 AI한테 맡기고 전반적인 부분만 인간이 지시합니다. 비행기 기장, 부기장의 관계와 비슷합니다.

새롭게 급부상한 주제로는 데이터에 대한 공정성, 정확도, 책임성, 투명성과 같은 가치가 있습니다. 첫째로 중국에서 영화에서 나올 법한 프리 크라임Pre-crime이라는 시스템을 개발했습니다. 톰 크루즈 주연의 영화 〈마이너리티 리포트〉에서 범죄자가 재범을 저지를지 예상해 판단하는 기술과 비슷한 것입니다. 중국에서는 이를 범죄자의 생김새로 판단을 하여, 90퍼센트 정도로 재범률을 예측할 수 있었다고 발표했습니다. 훌륭한 연구 같지만, 여기에 사용된 데이터로 다른 실험을 했더니 흑인과 백인을 넣으면 흑인의 재범률이 높게 나왔습니다. 실제 데이터에 편견이 있어서 흑인을 차별하는 것입니다.

미국의 경제지 〈포천Fortune〉 500대 경영자의 얼굴을 데이터로 하여 AI에게 누가 경영을 잘 할지 예측하게 하면, 여성을 넣으면 안 된다고 나옵니다. 500명 중에 여성이 적었기 때문입니다. 그래서 AI의 공정성을 연구한 사람은 정말 많은 영역에서 인간의 편견이 발견된다고 말합니다. 작문하는 AI에서도 마찬가지입니다. 의료 관련 작문을 시키면, "그는 의사고, 그녀는 간호사다"라는 문장을 씁니다. 지금까지 우리가 이렇게 많이 써와서 그런 것입니다. 이런 문제가 발생되지 않도록 하려면 가중치를 줘서 결과를 중립적으로 만들거나, 공정성 시비의 가능성이 있는 영역을 아예 인공지능에 맡기지 않아야 합니다. 인공지능을 과신하지 않아야 하는 것이지요. 옛날에는 기술의 정확도를 올리는 게 핵심이어서 이런 고민을 하지 않았지만, 이제는 AI가 본격적으로 보급되기 직전이기 때문에 이런 고민이 나오고 있습니다.

마치며

인공지능 기술의 가능성을 파악하고 문제들에 제대로 대응하기 위해서는 문·이과의 경계가 없어져야 합니다. 도덕관념을 모르면 온전한 인생을 살 수밖에 없는 것처럼, 반대로 기술의 역사와 그 원리를 모르면 균형 있게 살아갈 수 없을 것입니다. '나는 인문학을 전공했으니 과학이나 기술에 대해서는 몰라도 된다'고 생각하는 것은 바람직하지 않습니다. 지금 우리 사회 원동력의 많은 부분이 기술 쪽에서 오기 때문입니다. 반대로 이과 쪽 사람들은 사물의 진리에 대한 집착이 다소 강한데, 문과 학문 공부를 해 사회적·윤리적인 가치를 충분히 배워두어야 합니다. 이처럼 AI의 시대에는 특히 학문 간의 경계, 전문가들만의 경계를 허물고 개방적인 자세를 갖는 것이 가장 중요합니다.

09

에너지 전환의 쟁점과 과제

윤순진

서울대학교 환경대학원 교수

에너지 전환 운동과 정책을 살펴보기 전에 에너지를 어떻게 사용해 왔는지 보겠습니다. 이것을 기초로 에너지 전환이 무엇이고, 에너지 전환 운동은 어떤 방향으로 나아가야 할지, 세계 에너지 시장은 어떻게 진행되고 있는지 알아보겠습니다. 그리고 한국은 어떤 에너지 문제를 가지고 있으며 현재 문재인 정부는 어떤 정책 방향을 가지고 접근하고 있는지 살펴보겠습니다.

에너지원의 종류나 사용 방식의 역사를 살펴보면, 에너지를 지금처럼 사용한 시대가 그렇게 길지는 않습니다. 에너지 이용이 가져다 준 것과 희생한 것을 비교하면서, 지금의 에너지 시스템이 항구적이지 않다는 것을 이야기하기 위해 에너지의 역사를 설명하겠습니다.

에너지 이용의 역사를 통해 본 에너지 이용 방식의 변화

에너지 없는 삶은 존재할 수 없지만 우리가 사용하는 에너지의 종류, 에너지를 사용하는 방식, 에너지의 양은 달라질 수 있습니다. 인간이 태어나서 가장 먼저 사용한 에너지 형태는 음식을 소화해서 만드는 화학에너지입니다. 애초 인류는 음식을 통해서 얻는 에너지로만 살았습니다. 그런데 이 에너지의 양은 너무나 부족합니다. 우리가 삶을 살면서 하고 싶은 일을 다 할 수 있을 정도로 충분한 양의 에너지는 아닙니다. 불을 발견하고 나서는 불로 음식을 만들고 토기를 굽기도 하면서 에너지를 이용했습니다. 이후에는 가축을 기르면서 동물의 에너지를 이용하기도 했습니다. 심지어 인간이 다른 인간의 에너지를 착취하기도 했습니다. 바로 노예제도이지요. 주인이 자신의 신체 에너지만으로는 자기가 원하는 일을 다 하지 못했기 때문에 전쟁과 신분제도를 이용해 다른 인간의 에너지를 이용한 것입니다. 그다음에 기구를 만듭니다. 물레방아, 풍차, 돛단배 등을 만들지요. 이 시기까지도 인간이 사용하는 에너지는 태양과 물, 바람 등 여전히 자연 상태에서 그대로 주어지는 것이었습니다.

인간의 역사를 산업혁명 기준으로 근대 이전과 이후로 나누는데, 산업혁명은 에너지 이용의 역사에서도 상당히 중요합니다. 인간이 사용하는 에너지원, 에너지 소비량이 산업혁명 이후로 현저하게 달라졌기 때문입니다. 산업혁명 하면 증기기관이 상징인데, 증기기관은 석탄을 태워서 얻는 열로 에너지를 얻었지요. 18세기부터는 석유, 석탄, 천연가스와 같은 화석연료를 대규모로 사용할 수 있게 되었습니다. 석탄을 이용한 에너지의 생산은 산업혁명 이전부터 가능하긴 했지만 유독가스를 처리할 수 있는 기술이 없어서 실제로 사용하지는 못했습니다.

이 시기에 석탄을 대량으로 사용하게 된 건 도시가 발달하면서 땔감이 고갈된 탓이 큽니다. 그 이전에는 난방과 취사 연료로 땔감을 많이 사용했습니다. 그래서 석탄으로 눈을 돌렸지요. 우리는 온돌을 이용해서 난방을 하지만, 서양은 벽난로를 사용했습니다. 이후 유독물질을 배출하는 석탄을 연료로 쓰면서 유독물질을 처리하는 장치를 개발하게 됩니다.

석유는 고대부터 그 존재가 알려진 것으로 보이지만 17세기까지만 해도 고래기름이 떨어졌을 때 어쩔 수 없이 쓰는 대체재에 불과했습니다. 그러다 1859년에 이르러 유정의 형태로 석유를 개발하게 되었습니다. 미국 펜실베이니아주에서 석유왕 록펠러에 의해서였지요. 이후 1879년에 독일에서 내연기관차가 발명되고 석유가 중요한 수송 에너지원으로 쓰이기 시작하면서 역사의 전면에 등장하게 되었습니다.

천연가스는 기체 상태라 저장이나 수송이 여의치 않아 액화기술이 개발되고 나서, 즉 제2차 세계대전 이후에야 본격적으로 대량 생산과 이용이 가능해졌습니다. 인간의 역사에서 이렇게 화석연료를 대대적으로 사용한 시기는 길지 않은, 굉장히 특별한 시간이라고 할 수 있습니다.

화석연료의 사용과 인간 삶의 변화

화석연료는 여러 장점으로 인간의 삶을 질적으로 변화시켰습니다. 먼저 소량을 태워도 엄청난 에너지를 얻을 수 있기 때문입니다. 이것을 에너지 밀도가 높다고 표현합니다. 연탄 두 장만 있어도 하루 종일 취사와 난방을 할 수 있습니다. 우리나라 도시가 압축적으로 빠르게 성장할 수 있었던 이유 중 하나도 연탄 덕분이라고 할 수 있습니다. 도시에 많은 인구가 몰렸음에도 연탄으로 취사와 난방이 가능했으니까요. 두 번째로, 에너지의 이동과 수송이 가능합니다. 풍력, 태양광, 태양열은 그 자체를 옮길 수 없기 때문이지요. 지금은 이런 재생가능에너지로 전기와 열을 만들어 저장하고 수송할 수도 있지만 옛날에는 그런 기술이 없었습니다. 그런데 화석연료는 생산이 되지 않는 곳으로 옮길 수도 있고 저장할 수도 있습니다. 자기가 원하는 때에 원하는 만큼 양을 조절해서 사용할 수도 있고요. 굉장히 편리한 것입니다. 이런 에너지원을 이용해서 산업이 발전합니다.

19세기 말이 되면 새로운 에너지 이용 방식으로 전기가 발명됩니다. 전기는 시스템적인 특성을 갖는데, 전기를 개발한 이유는 불을 켜기 위해서였습니다. 전기를 발명한 것은 에디슨과 테슬라 두 사람인데, 에디슨은 직류 전기를, 테슬라는 교류 전기를 개발했습니다. 지금은 교류 전기를 많이 쓰는데, 교류는 직류에 비해 전기 손실이 많이 없이 멀리 갈 수 있기 때문입니다. 전기가 도입되면서 화석연료를 썼을 때보다 지리적인 제약이 더욱더 극복됩니다. 콘센트에 플러스를 꽂기만 하면 전기를 쓸 수 있게 되어 전선이 닿는 곳 어디에서든 전기를 쓸 수 있게 된 것이지요.

일찍이 1930년대에 루이스 멈포드Lewis Mumford란 학자는 인류가 생태기술시대, 구기술시대를 지나서 신기술시대로 갈 것이라 예측했습니다. 신기술시대는 재생가능에너지가 주가 되면서 전기 형태로 에너지를 사용하는 시대입니다.

《에너지 노예, 그 반란의 시작》이라는 책에서 알베르트 안젤라라는 사람이 계산한 바에 따르면, 우리가 사용하는 화석연료의 에너지 밀도가 얼마나 높은지 알 수 있습니다. 우리가 사용하는 석유 한 컵은 50명의 노예가 2시간 동안 자동차를 끄는 데 사용하는 에너지와 같다고 합니다. 데이비드 휴즈의 계산에 따르면 석유 1배럴은 주 5일 동안 매일 8시간 노동을 하는 사람이 7.37년을 일했을 때의 에너지 양과 비슷하다고 합니다. 앤드류 니키포룩은 평균 북미인 한 사람이 23.6배럴의 석유를 소비하는데, 이것은 174명의 노예를 부리는 것과 같다고 계산했습니다. 한국은 1인당 130명 정도를 부리는 것과 같습니다. 즉, 4인 가족당 500명이 넘는 노예를 사용하고 있는 것이지요. 이 책에서는 이 에너지 노예가 우리 삶을 편리하게 해주었지만 이제 환경문제와 같은 다양한 문제들을 야기하고 있다고 말하고 있습니다.

핵에너지의 등장과 위험의 증가

에너지 역사에서 독특한 에너지가 있었는데, 바로 핵에너지입니다. 핵에너지는 원자 안의 핵을 분열해서 얻는 에너지입니다. 서양은

nuclear, 중국은 핵核이라고 표현하는데 우리와 일본만 원자력原子力이라고 합니다. 핵발전의 뿌리이자 쌍생아인 핵무기의 부정적인 이미지를 덜어내기 위해서였습니다.

핵에너지를 이용하게 된 배경은 다른 에너지원들과 상당히 다릅니다. 다른 에너지원들은 에너지가 필요해서 발견하고 개발한 것인데, 핵에너지는 핵무기 개발의 부산물로 나타난 것입니다.

아인슈타인의 상대성이론을 접한 물리학자들은 질량에 변화를 가하면 에너지가 생긴다는 것을 알게 되었고, 이것을 통해서 핵무기 개발을 꿈꾸게 됩니다. 독일 물리학자들이 핵무기 개발 움직임을 보이자 당시 헝가리에 살고 있던 유태인 물리학자 실라드Leo Szilard는 엄청난 경각심을 느끼게 됩니다. 독일의 나치 정권이 핵무기를 개발하면 세계는 끝날 것이라고 생각하고, 아인슈타인이 루스벨트 대통령에게 미국이 핵무기를 먼저 개발하도록 설득하는 편지를 쓸 것을 제안하지요.

실라드는 자신이 쓴 편지에 아인슈타인이 서명을 해서 루스벨트 대통령에게 보내도록 부탁했지만, 아인슈타인은 두 번이나 거절했다가 결국 세 번째에 수락을 합니다. 그래서 1941년 12월 루스벨트가 맨해튼 프로젝트를 시작하게 됩니다. 오펜하이머Robert Oppenheimer가 책임연구자였지요. 아인슈타인과 오펜하이머는 나중에 후회를 합니다. 나가사키와 히로시마에 핵폭탄을 투하해서 제2차 세계대전을 끝내긴 했지만 두 도시에 입힌 파괴적인 결과가 참으로 끔찍했기 때문입니다. 그래서 나중에 미국의 수소폭탄 개발에는 반대했습니다.

제2차 세계대전이 끝난 1949년에는 소련이 핵무기를 개발했습니다. 1952년에는 영국도 개발에 성공했습니다. 이듬해인 1953년 미국의 아이젠하워 대통령은 평화를 위한 원자력Atoms for peace 선언을 발표했습니다. 더 이상 핵에너지를 무기로 사용하지 말고 평화를 위해서 사용하자는 제안이었습니다. 이외에도 여러 나라들이 핵 억지력을 명분으로 핵무기 개발에 나섰기 때문입니다. 아이젠하워의 1953년 선언 이후, 전 세계적으로 핵비확산조약을 맺고, 핵무기 경쟁을 하지 말자는 합의가 형성되면서 구소련과 미국이 각각 공산 진영과 자유 진영을 자기 통제 아래 두고는 핵무기 개발을 저지했습니다.

1954년에는 세계 최초의 핵발전소가 생겼습니다. 구소련 오브닌스크에 만들어졌는데, 이것은 연구용이었지요. 1956년에는 영국에서 콜더홀이라는 세계 최초의 상업용 핵발전소가 만들어졌습니다. 1957년에는 미국 최초 원전인 쉬핑포트가 건설되고 미국을 중심으로 한 국제원자력기구IAEA가 창설됩니다. 핵발전을 하고 나서 사용후핵연료를 재처리하면 플루토늄이 나오는데, 플루토늄은 핵무기 원료로 쓰이기 때문에 이를 감시하기 위해서였습니다. 정리하면 핵에너지는 다른 에너지원들과 달리 에너지 이용을 위해서가 아니라, 핵무기의 부산물로서 인류 역사에 등장한 것이지요.

핵무기가 핵분열이 빠르게 진행되어 폭발적인 에너지를 만들어내는 거라면, 핵발전은 감속재를 넣어서 핵이 분열되는 속도를 늦추면서 핵분열 과정에서 발생하는 에너지를 사용하는 것입니다. 우라늄 동위원소들 중 235가 분열하는 우라늄인데, 자연상태 우라늄은

99.3퍼센트가 238로, 우라늄 235는 0.7퍼센트에 지나지 않습니다. 우라늄 원광을 원심분리기에 넣어서 돌리면 우라늄 235가 2~4퍼센트로 농축됩니다. 이런 농축 우라늄으로 핵연료를 만들면 중성자가 핵을 때리면서 분열시켜 에너지가 발생되고, 이 열에너지로 물을 데워 증기를 만들고, 이 증기로 발전기를 돌려 전기를 생산하는 것입니다.

1973년에 비해 2016년 전 세계 에너지 사용량은 2.3배 증가했습니다. 같은 기간 화석연료의 비율은 86.7퍼센트에서 81.3퍼센트로 줄었지만, 절대적인 소비량은 엄청나게 늘었습니다. 대부분의 환경오염은 에너지 사용과 연결되어 있습니다. 요즘 미세먼지가 심각하게 언급되고 있는데, 미세먼지도 화석연료와 관련되어 있지요.

미세먼지는 석탄화력발전소가 주 배출원이며 대도시의 경우 자동차, 특히 경유차가 주 배출원 중 하나입니다. 산성비의 경우도 황성분이 많은, 석탄을 사용하는 발전이 주 배출원이었습니다. 대기오염뿐 아니라, 태안 기름유출 사건과 같은 원유 유출 사고로 생태계가 파괴되고 바다에서 소득을 얻던 인근 주민들의 경제활동이 어려워지면서 가정과 지역경제가 붕괴됩니다. 빛 공해도 있고 고압 송전탑이나 송전선로 경우에는 전자파 문제가 논란의 대상이 되고 있지요. 핵발전의 경우 핵발전소 폭발은 물론 방사성 폐기물 관리 문제와 일상적인 핵발전 과정의 방사능오염 가능성도 있습니다.

발전소의 온배수로 인한 열오염 문제도 있습니다. 원자력발전소나 석탄발전소는 열을 식힐 냉각수가 필요한데 우리나라에선 냉각수로 주로 바닷물을 사용합니다. 1차 냉각수는 원자로 안에서 열을 식혀주고, 2차 냉각수는 데워진 증기로 전기를 만들고 남은 증기를 다시 냉각해서 물로 되돌리지요. 그런데 냉각수로 쓰인 후 배출되는 온배수는 들어올 때보다 7~9도 정도가 높아져 있습니다. 바닷물의 1도 변화는 육상에서의 10도 변화와 거의 같습니다. 이 때문에 온배수의 온도가 바다에 미치는 영향이 상당히 큰 것입니다.

2011년 후쿠시마 원전 사고 후에 한동안 일본에서는 모든 핵발전소가 가동을 멈춘 시기가 있었는데 당시 해양 생태계가 상당히 바뀌었다고 합니다. 핵발전소 가동 당시에는 온배수 온도가 높아서 애초에 해당 지역에 없었던 열대어가 살기도 했다고 합니다.

국내의 경우에는 전남 영광에서 온배수 피해가 큽니다. 서해안은 수심이 얕고 조수간만의 차가 크기 때문이지요. 핵반응로 1기에서 1초에 약 50톤의 냉각수가 나오기 때문에 영광의 한빛원전 6기에서 300톤 이상의 온배수가 쏟아져 나오면 원전 주변 바닷물이 금방 데워질 수밖에 없습니다. 그 결과 해양생태계가 교란되는 것이지요. 우리나라는 대부분의 발전소가 바다를 끼고 있습니다. 냉각수를 쓰기 좋고, 수입 연료를 쓰기도 좋기 때문입니다. 프랑스의 경우에는 강물을 쓰며, 이상기후로 폭염이 심하면 아예 원자로를 정지하는 경우도 있다고 합니다. 냉각수로 쓰기에 강물 온도가 너무 높아져 있거나 물의 양이 충분하지 않기 때문이지요.

기후변화가 보내는 신호, 에너지 전환

대기 중 온실가스는 시간이 갈수록 많아지고 있습니다. 산업혁명기에는 이산화탄소 농도가 280피피엠이었는데, 2019년 11월 현재 412피피엠에 도달했습니다. 이산화탄소 농도가 높아져서 온실효과가 과도하게 일어나고, 그 결과 지표면 온도가 계속 상승하는 지구온난화가 일어나고 있지요. 그 결과, 극단적인 이상기후가 많아지는 기후변화가 진행되고 있습니다. 기후변화란 말은 이런 위기적 징후를 충분히 담아내지 못해 기후위기, 기후붕괴, 기후교란으로 불리기도 합니다. 기후변화에 책임이 있는 국가나 집단과 피해를 보는 국가나 집단이 다르기 때문에 '기후 불의injustice'라는 말로 기후변화가 야기하는 불평등한 상황을 표현하기도 합니다.

온실가스 중 가장 주목받는 것은 이산화탄소입니다. 온난화 유발요인으로 보면 이산화탄소 분자 하나에 비해 메테인CH_4이 21배, 아산화질소N_2O가 310배 등 다른 가스의 영향력이 크지만 이산화탄소가 가장 비율이 높습니다. 에너지의 80퍼센트 이상을 차지하는 화석연료 연소로 발생하기 때문입니다.

이산화탄소는 대기 중으로 배출되면 쉽게 분해되지 않고 오랜 기간 누적되어 지속적으로 지구온난화를 야기하고, 이산화탄소의 15~40퍼센트는 대기 중에 최소 1000년을 머무릅니다. 메테인 또한 폐기물의 분해에서도 생기지만 에너지 생산과 소비에서도 발생합니다. 결국 온실가스의 68퍼센트가 에너지 부문, 즉 화석연료 연소에서 발생하는 만큼 기후변화는 화석연료에 의한 것이라고 볼 수 있습니다.

지구상 화석연료의 전체 매장량을 다 태웠을 때 발생 가능한 이산화탄소의 양은 2조 9000억 톤입니다. 그런데 앞으로 온도 상승을 2도까지로 한정하려면 1조 톤까지만 더 태울 수 있습니다. 2도는 파리협정에서 합의한 목표이지요. 이것은 제로섬 게임입니다. 어떤 나라가 많이 배출하면 다른 나라가 덜 배출해야 되고, 현세대가 많이 배출하면, 후대가 조금 배출해야 합니다. 온도 상승을 2도까지로 한정하고 태울 수 있는 최대 탄소량을 탄소 예산이라고 하는데, 현재 알려져 있는 매장량 중 석탄은 82퍼센트, 가스는 49퍼센트, 석유는 33퍼센트를 채굴하지 않고 그대로 두어야 탄소 예산을 넘어서지 않습니다. 그래서 에너지 다이어트를 해야 하는 것이지요.

2018년 인천 송도에서 열린 제48차 IPCC 총회에서 1.5도 특별보고서가 채택되었습니다. 2030년까지 2010년 대비 45퍼센트의 이산화탄소 배출을 줄여야 하고, 2050년까지는 순 배출량이 0이 되어야 합니다. 그래서 2030년 목표 달성을 위해 1차 에너지 공급의 50~60퍼센트, 전력 생산의 70~85퍼센트를 재생가능에너지로 공급해야 한다고 합니다. IPCC는 1.5도 목표 달성은 과학적으로는 가능하지만, 정치지도자의 결단과 일반 시민의 동참이 있어야만 가능하다고 강조했어요. 에너지 전환은 기후변화가 요청하는 시대적 과제입니다.

에너지 전환의 의미와 접근 방향

에너지 전환이란 화석연료와 원자력에 기반한 중앙집중적이면서 중앙집권적인 에너지 체계로부터 에너지 절약과 효율 개선으로 에너지 소비를 줄이면서 재생가능에너지 이용을 늘려가는, 지역분산적이면서 민주적인 에너지 체계로 전환해가는 것을 말합니다. 에너지 전환을 위해 우선 에너지 서비스란 개념을 분명하게 알아야 합니다. 에너지 서비스란 에너지가 우리에게 주는 서비스를 말하는데, 취사와 난방, 냉방, 조명, 이동과 수송, 통신, 기기의 작동 등이 해당합니다. 이러한 에너지 서비스는 우리 삶에 필수적입니다. 그래서 동일한 수준의 서비스를 얻되, 에너지 사용량을 줄일 수 있는 방법을 고안하는 게 중요합니다. 바로 에너지 효율 향상이 필요한 것이지요. 대표적인 예로 LED가 있고, 에너지 효율 1등급 제품도 있습니다.

그런데 이렇게 효율을 높인다고 해도 효율이 개선된 만큼 에너지 소비가 줄어들지 않을 수 있습니다. 자동차 연비가 개선되면 유류 소비량이 그만큼 줄어들까요? 아닙니다. 사람들이 자동차를 더 자주 더 멀리까지 운전할 수 있기 때문입니다. 사람들은 부담해야 하는 총 비용을 기준으로 생각하기 때문에 그렇습니다. 유류비를 부담스러워했던 가정에서는 연비가 좋은 차가 나오면 그 차를 살 수도 있지요. 그러면 오히려 더 많은 사람들이 자동차를 타게 되는 것입니다.

그래서 동시에 필요한 활동이 에너지 절약입니다. 에너지 절약은 조금 불편하더라도, 즉 에너지 서비스의 질이 좀 떨어지더라도, 에너지를 아껴서 쓰는 것을 말합니다. 에너지를 대하는 인식을 바꿔야 하는 것이지요. 에너지 효율 개선과 소비 절약으로 소비량 자체를 줄이면서, 필요한 에너지는 되도록 재생가능에너지를 사용하는 것이 우리가 가야 할 방향입니다.

기억해야 할 또 하나의 개념은 에너지 기본권입니다. 에너지 소비가 늘어날수록 삶의 질을 나타내는 인간개발지수가 높아집니다. 그런데 이 둘은 정비례 관계에 있지는 않습니다. 에너지 소비가 낮은 상태에서는 조금만 에너지 소비를 늘려도 인간개발지수가 확 올라가지만 변곡점을 넘어서면 크게 개선되지 않지요. 따라서 변곡점 이후의 에너지 소비량 증가는 사치나 낭비라고 볼 수 있습니다. 즉, 가난한 사람들의 에너지 소비량을 높여주는 것은 삶의 질 개선 효과가 크지만, 일정 수준을 넘어서면 효과가 크지 않다는 것입니다. 그래서 에너지 기본권은 인간이라면 누구나 기본적인 삶을 누리는 데 필요한 에너지 서비스를 누릴 권리를 말하며, 이를 보장해줄 때 에너지복지가 실현됩니다. 기본적인 삶의 질 유지에 어느 정도의 에너지 소비가 필요한지는 기술 수준에 달려 있습니다. 에너지 효율 기술이 발전하면 그만큼 필요 에너지 소비량이 줄어들 수 있기 때문이지요.

한편으로는 가난할수록 기후변화를 야기한 책임이 적은데도, 기후변화의 영향에 더 큰 피해를 보는 경우가 많습니다. 그래서 태양광발전기를 설치해주거나, 에너지 효율이 떨어지는 오래된 가전제품 등을 교체해주는 등 에너지 기본권을 보장해줘서 에너지 빈곤에서 벗어날 수 있도록 하면서 기후변화 대응 역량을 키우는 노력이 필요합니다.

에너지 전환 운동은 내가 소비하는 전력을 내가 사는 지역에서 만들어 쓴다는 가치를 내포하고 있습니다. 이제껏 지탱해온 화석연료와 원자력 기반 전력체계에서는 생산지와 소비지가 이원화되면서 생산지 주민들에게 환경오염이나 경제적 피해가 고스란히 전가되고, 소비지 사람들은 환경오염 피해나 자산가치 하락 없이 편리하게 전기를 써왔지요. 하지만 이런 구조가 항상 소비지에 다 좋은 것만은 아닙니다. 전력자립률이 낮은 상태에서 정전이 되면 큰 사회경제적 피해를 입게 되지요. 그래서 에너지 전환 운동을 펼쳐나가면, 남에게 고통을 전가하지 않는 윤리적 소비를 하면서 높아진 전력자립률로 정전의 위험부담도 줄일 수 있습니다.

사회 일각에서는 원자력과 재생가능에너지가 함께 갈 수 있다고 하지만, 그것은 불가능합니다. 원자력은 중앙집중적인 시스템을 기초로 합니다. 소수의 생산지에서 소비지까지 장거리 송전을 하는 것이지요. 또 원자력은 일단 운전에 들어가면 끄는 게 힘듭니다. 재생가능에너지를 신뢰하지 않는 대표적인 이유가 생산량의 변동이 크다는 점입니다. 그런데 하루 전력 소비패턴을 보면, 소비량이 일정하지 않고 시간에 따라 오르내림이 있습니다. 원자력은 계속 운전하기 때문에 일정량의 전기를 계속 생산하지요. 생산된 전기만큼 소비하지 않으면 그냥 버리게 됩니다. 그래서 저렴한 심야전기요금제로 없던 수요를 일부러 만들어서 전기를 소비하도록 하지요.

재생가능에너지는 그러지 않아도 됩니다. 수요가 많을 때 생산이 많고 수요가 적을 때 생산이 적으니 기술을 활용해서 잘 조절하면 낭비 없이 사용할 수 있습니다. 일본에서 원전을 다시 재가동했더니 원래 태양광발전 설비가 많았던 지역에서 오히려 전기가 너무 남아서 태양광발전 전력을 송전망에 유입하지 못하도록 했다고 합니다. 원전은 쉽게 끌 수 없으니까, 거꾸로 된 것이지요. 원전은 안정적으로 전력을 공급하지만, 수요에 맞춰서 탄력적인 건 아니어서 오히려 전력 낭비가 심합니다.

최근 들어서 우리나라에선 재생가능에너지 설비를 둘러싼 갈등이 일어나고 있습니다. 태양광 패널 설치 갈등을 보면 숲을 파괴한다며 반대하는 경우가 있지요. 물론 심각한 훼손 사례가 없는 건 아니지만 우리나라 국토의 64퍼센트가 산림이기 때문에 하나도 훼손하지 않기는 어렵습니다. 무엇보다 어떤 에너지발전소도 자연에 해를 가하지 않는 것은 없습니다. 그렇기 때문에 재생가능에너지 이용이 환경에 미치는 영향을 자연 그대로일 때와 비교하기보다 화석연료나 원자력이 미치는 환경 영향과 비교하는 것이 합리적입니다. 재생가능에너지 설비를 설치할 때 생태계가 훼손될 수 있지만 설치 이후 복원 노력을 하면 오히려 살아나기도 합니다. 게다가 기후변화가 눈앞에 임박했기에 재생가능에너지를 빨리 확대하지 않으면 보전해 놓은 산림이 기후변화로 파괴될 수도 있습니다.

재생가능에너지는 상대적으로 환경에 영향을 덜 미칩니다. 그런데도 설치 문제가 대두된 이유는 예전엔 대규모 발전 시설을 몇몇 지역에서만 지었지만, 이제는 지역 곳곳에 설치하여 에너지 이용의 환경 영향이 눈앞에 보이기 때문입니다. 예전엔 자기 거주지에서 별다른 환경 영향 없이 손쉽게 전기를 쓰기만 했습니다. 경관 변화를 받아들이기 어려워하는 측면이 있기도 했지요. 에너지 전환으로 인한 이익만이 아니라 가치가 공유되어야 하는데 이 부분이 좀 부족한 형편입니다.

세계적인 에너지 전환의 현주소와 우리의 현실

세계적으로 신규 발전설비, 누적 발전설비, 전력생산의 각 구성에서 재생가능에너지의 비율이 모두 늘어나고 있습니다. 2018년 신규 발전 설비 투자액을 보면 총 설비 투자의 69.3퍼센트가 재생가능에너지 발전설비입니다. 원자력은 7.9퍼센트, 화석연료는 22.8퍼센트에 불과합니다. 금액으로는 2890억 달러로 330억 달러의 원자력과 950억 달러의 화석연료 투자액 합계의 2배가 넘습니다. 재생가능에너지 투자 금액을 보면, 해마다 다소 등락이 있습니다. 2017년에 3260억 달러였고, 2018년에는 투자액이 줄어들었는데도 설치 용량은 더 커졌습니다. 단가가 낮아졌기 때문이지요.

에너지설비의 용량 추이를 보면 누적 시설용량으로는 풍력이 가장 많지만, 최근 들어 태양광이 가장 빠르게 늘고 있습니다. 시설용량 부문에서는 풍력은 2011년, 태양광은 2017년에 이미 원전 시설용량을 넘어섰습니다. 2011년을 지나면서 신규로 건설되는 설비의 절반 이상이 재생에너지 발전설비입니다. 2017년부터 2040년까지도 재생에너지가 가장 빠르게 늘어날 것이라고 보고 있습니다.

에너지 전환 측면에서는 에너지 소비 절감이 상당히 중요합니다. 소비를 줄이면 그만큼 설치해야 할 설비의 규모가 줄어들 수 있지요. 현재 낭비되고 있는 에너지가 너무 많기 때문에 소비를 줄일 여력이 큽니다. 국제재생에너지기구IRENA에서 재생가능에너지 로드맵을 수립했는데, 무엇보다 총에너지 사용량을 줄여야 한다는 것을 강조했습니다. 소비 절감과 효율 개선을 통해 이루어지겠지요. 그렇게 해서 줄어든 총 에너지의 65퍼센트를 재생가능에너지로 바꿀 수 있다고 합니다.

세계가 왜 재생가능에너지에 주목하느냐, 독일의 경우 기후변화 위험과 원자력 위험을 줄인다는 이유 외에 일자리 창출 또한 상당히 중요하기 때문입니다. 재생가능에너지 산업은 노동집약적이라 엄청난 일자리를 만들어냅니다. 2017년에 1000만 개 이상으로 늘어났고 2018년에는 1100만 개에 육박했습니다. 재생가능에너지 관련 일자리를 질 낮은 일자리라고 하는 주장도 있는데, 그렇지 않습니다. 재생가능에너지와 관련된 일자리는 종류가 다양하고, 전 단계에 걸쳐 만들어지지요. 재생에너지설비를 설계, 제작, 유통, 설치, 관리, 폐기하는 데까지 여러 과정이 필요하고 각 과정마다 다양한 여러 일자리가 만들어집니다. 일자리를 가장 많이 만들어낸 건 태양에너지였습니다.

기업을 중심으로도 다양한 변화가 일고 있습니다. 월마트, 나이키, 스타벅스처럼 재생가능에너지 전력 사용 100퍼센트를 목표로 하는, RE100Renewable Energy 100이라 불리는 기업이 2015년 8개 기업에서 2019년 11월 현재 207개가 됐습니다. 이 기업들은 자사뿐만 아니라 협력업체들, 부품 조달업체들에게도 100퍼센트의 재생가능에너지 전력 사용을 요구하기 시작했습니다. BMW, GM의 경우 이제 내연기관차 생산을 중단하고 전기차 생산에 박차를 가하고 있습니다. 두 회사는 배터리를 아웃소싱하는데 우리나라의 삼성SDI나 LG화학에 배터리를 100퍼센트 재생가능에너지로 생산할 것을 요구했습니다.

수출지향적인 우리나라 산업으로서는 이런 변화에 부응하지 않으면 경제에 큰 부담이 될 수 있습니다. RE100이 가능하려면 다른 발전사업자들이 만든 재생가능에너지 전력을 사서 쓸 수 있어야 합니다. 하지만 우리나라에서 전력은 국가가 독점하고 있어 기업이나 개인이 전력을 사고팔 수 없습니다. 그래서 삼성도 유럽, 미국, 중국 등 주요 해외 사업장에서는 100퍼센트 전환을 선언했지만, 우리나라에서는 하지 못하고 있습니다. 그래서 이런 산업적 필요를 인식하고 국회와 정부에서 관련 법안을 준비하고 있는 상태입니다.

에너지 전환 시장을 단계적으로 보면, 성장 초기, 본격 성장기를 넘어서서 지금은 융합/확산기에 돌입했습니다. 유럽 몇몇 국가는 2030년까지 내연기관차를 퇴출하겠다고 했습니다. 바야흐로 전기차 시대로 진입한 것이지요. 우리나라 기업들은 전기차에 쓰이는 리튬 배터리를 잘 만듭니다. 그런데 내수시장이 크지 않은 문제가 있습니다. 현대자동차는 전기차보다는 수소차로 방향을 잡은 것으로 보입니다.

수소는 연소로 에너지를 발생시킨 후 물을 배출하기 때문에 깨끗한 에너지원으로 생각하지만, 수소는 에너지가 아니라 에너지 전달자입니다. 자연 상태에서는 수소화합물만 있고 순수 수소는 별로 없습니다. 그래서 수소를 만들기 위해서는 에너지를 투입해야 합니다. 유럽에서는 에너지를 투입해서 수소를 만드는 것이 아니라 재생가능에너지 전력이 남으면 잉여전력으로 물을 분해해서 수소를 만들려고 합니다. 전력 저장 방안의 하나이지요. 내연차의 경우 부품이 많이 필요해서 협력업체가 많은데, 전기차는 배터리가 중심이라서 부품 수요가 30퍼센트밖에 되지 않습니다. 그래서 전기차 기술을 하루 빨리 개발하지 않을 경우 한국 자동차산업의 미래가 밝지 않고 산업이 제공하는 일자리도 줄어들게 됩니다.

세계적으로 재생가능에너지 설비가 빠르게 늘고 있고 발전단가도 떨어지고 있는데 비해 우리나라에선 여전히 화석에너지의 비율이 94.9퍼센트를 차지하고 있습니다. 우리는 OECD(경제협력개발기구)와 다르게 신·재생에너지라는 말을 쓰는데, 신에너지에는 수소, 연료전지, 석탄 액화·가스화한 에너지가 포함됩니다. 그런데 이 셋은 재생에너지와 관련이 없습니다. 그래서 OECD 기준으로 봤을 때 우리나라의 재생에너지 발전 비율은 3.3퍼센트밖에 되지 않는 것입니다.

우리나라의 1인당 에너지 소비량은 OECD 평균에 비해 높습니다. 산업부문 에너지 소비가 많기 때문입니다. 연료 연소 이산화탄소 배출량은 세계 7위입니다. 우리보다 더 많이 배출하는 OECD 국가는 미국, 독일, 일본밖에 없습니다. OECD 이외 국가들로는 중국, 러시아, 인도가 있습니다.

2015년 파리에서 21차 기후변화 당사국 총회가 열리기 전인 6월 말에 우리 정부는 2030년까지 온실가스 배출을 전망치 대비 37퍼센트 줄인다고 선언했습니다. 절대량으로는 2030년에 5억 3600만 톤으로 줄이겠다고 했는데, 다른 국가들의 감축 목표가 우리나라 정도 수준이라면 세계 평균 기온이 3~4도가량 올라갈 정도로 목표가 불

충분한 수준이란 평가를 받고 있습니다. 게다가 OECD 분석에 따르면 이 정도 목표를 달성하는 것마저도 불가능할 수 있다고 합니다.

저먼워치라는 곳은 기후변화이행지수CCPI를 평가하는데 온실가스 배출이 세계 총 배출의 1퍼센트가 넘는 57개국을 대상으로 해서 등수를 매깁니다. 등수는 1등이 아니라 4등부터 시작합니다. 1~3등을 줄 정도로 잘 하고 있는 국가는 없다는 생각 때문입니다. 우리나라는 1.7퍼센트의 비율을 차지해서 평가 대상인데 2019년에 57등을 기록했습니다. 그만큼 기후변화 대응이 미흡하다는 뜻입니다.

기후변화 대응과 원자력 발전 위험

기후변화 대응과 관련해서 원자력을 늘려야 한다는 목소리가 나옵니다. 원자력 발전은 핵분열을 통해 에너지를 얻기 때문에 발전 과정에서는 이산화탄소가 나오지 않습니다. 하지만 우라늄을 채굴, 농축하는 과정, 핵발전소를 짓는 과정과 방사성 폐기물을 수송하고 관리하는 과정에서 이산화탄소가 나옵니다. 화석연료에 비해 상대적으로 적게 배출할 뿐이지요. 원전이 이산화탄소를 덜 발생시키니까 기후변화를 막기 위해서 추가로 건설해야 한다는 주장은 문제가 있습니다. 원전 기술 자체가 내포하는 위험이 많기 때문이지요. 언제든 사고로 인한 방사능 누출이 일어날 수 있고, 아직 사용후핵연료 처리 기술이 개발되지 않았기 때문입니다. 기후변화 위험을 상쇄시킨다는 명분으로 다른 위험을 유발하는 것일 뿐입니다.

특히 우리나라의 경우 국토 면적 대비 원전 시설 용량이 너무 큽니다. 전 세계에서 원전 밀집도가 가장 높지요. 게다가 여러 발전소가 한 원전 부지에 집중적으로 입지하는 문제가 있습니다.

전 세계 116개 지역에 원자력 시설이 있습니다. 그중 한 지역에 6개 이상 있는 곳은 18곳밖에 없는데 우리나라는 모든 지역에 6개 이상이 입지해 있습니다. 신고리 5, 6호기가 설치될 경우 이곳은 1호기가 영구 정지된 것을 감안해도 9개기가 입지하게 됩니다. 고리 1호기에도 여전히 사용후핵연료가 저장되어 있어서 사실 10기가 입지한 것으로 봐야 합니다. 이렇게 많은 수에 시설용량이 큰 규모(10150MW 예정)로 원자로가 입지해 있으면서 주변 인구가 380만 명이 넘는 부지는 세계에 없습니다. 또한 주변에 다양한 산업시설이 있어서 고리 지역 원자로에 문제가 생기면 국가 경제에도 큰 타격을 미칩니다.

최근 들어 이 지역 인근에서 지진이 발생하고 있기 때문에 더 문제가 됩니다. 이 지역에 활성단층 60여 개가 있다고 합니다. 삼국사기부터 조선왕조실록까지의 문헌을 보면 옛날부터 이 지역에 지진이 많이 일어났다고 합니다. 기상청 조사에 따르면 2161회가 기록되어 있다고 하고요.

이러한 상황에서도 원전이 싸니까 어쩔 수 없다는 주장이 있습니다. 원전의 경제성을 평가하는 개념으로 균등화 발전단가LCOE라는 것을 사용하는데, 다른 원전 국가들과 비교해보면 우리나라 원전의 LCOE가 가장 낮습니다. 기술이 뛰어나서 그런 것일까요? 그렇다기보다는 한 부지에 여러 원전을 한꺼번에 지음으로써 입지 관련 비용을 절감할 수 있었기 때문입니다. 또 공사 기간이 짧은 데다, 공기업인 한국수력원자력에서 건설비를 차입할 때 정부가 보증을 해주었기 때문입니다. 핀란드는 원전을 세우려고 했는데 갑자기 후쿠시마 사고가 나면서 국가가 안전 기준을 높였어요. 새로운 안전 기준을 맞추느라 공사 기간이 길어져서 이자 부담이 늘어났습니다.

우리나라는 선진국들에 비해 안전규제 기준이 낮아서 관련 설비 비용이 높지 않고 사회적·환경적 비용을 충분히 반영하지 않아서 경제성이 높게 나오는 것입니다. 무엇보다 사용후핵연료 처분 기술이 아직 없고 처리 시설 부지도 구하지 못했는데 사용후핵연료가 계속 발전소 내 임시저장시설에 쌓이고 있는 것도 문제입니다. 이런 상태에서 원전을 지속적으로 지어서 사용후핵연료를 계속 만들어내는 것은 상당히 무책임하다고 할 수 있습니다.

한국 에너지 전환의 현재

문재인 정부는 2017년 6월 19일 고리 1호기가 영구 정지에 들어간 날, 에너지 전환을 선포했습니다. 정부의 '탈원전 로드맵'에 따르면, 우리나라의 원자력 발전소는 2022년에 28기로 정점을 찍고 설계 수명이 종료되면 하나씩 닫을 계획이라 서서히 줄어들게 됩니다. 2038년이 되면 14기로 줄어들지요. 하지만 신고리 5, 6호기의 수명이 60년이기 때문에 2022년에 가동하기 시작하면 2080년이 지나서야 없어집니다.

역설적으로, 문재인 정부 때 역대 어떤 정부에서보다 원전 수나 시설 용량이 가장 많게 되었습니다. 이명박 정부가 녹색성장을 내걸고 오히려 원전을 친환경 원전이라고 하면서 대폭 늘렸고 박근혜 정부가 원전 확대 정책을 유지했기 때문이지요.

문재인 정부는 에너지 전환을 국정과제로 추진하면서 이런 정책 기조를 전력수급 기본계획과 에너지 계획에 반영하고 있습니다. 2017년에 수립된 제8차 전력수급 기본계획에서는 수급 안정과 경제성에 초점을 맞췄던 예전 계획과 달리, 환경성과 안전성을 강조하고 수요관리 최우선 강화, 재생에너지 확대를 기본 방향으로 하였습니다. 2017년 말에 재생에너지 3020을 발표했는데, 이는 2030년에 재생가능에너지 전력 비중을 20퍼센트로 높인다는 계획입니다. 참여형 에너지 체제를 중시해서 도시와 농촌에서 일반 시민과 주민이 참여하는 방식으로 대규모 프로젝트를 계획적으로 개발하겠다고 했습니다.

에너지 전환 정책의 방향에 대해서 설문조사를 하면 과반수인 60~70퍼센트가 이런 방향에 동의하는 것으로 나타납니다. 최근에 한국에너지정보문화재단에서 2019년 3월에서 4월에 걸쳐 조사한 설문결과에 따르면 무려 84.2퍼센트가 에너지 전환 정책에 찬성하는 것으로 나타났습니다.

하지만 에너지 전환은 아직까지 진행이 더디기만 합니다. 모든 제도와 법이 예전의 대규모 중앙집중적인 에너지체제에 맞춰져 있고 일부 보수 언론과 원자력 학계, 원전산업계 등 원전 지지 세력의 반대가 지속되고 있는 데다 재생가능에너지의 시설 입지도 지역 주민의 반대에 직면해 있기 때문입니다. 부처 간 정책 갈등도 있고 지자체에서는 에너지 행정 인력이나 예산이 부족하고 재생에너지 확대에 따른 인센티브도 없어 어렵습니다.

현재 우리 사회에서는 에너지 전환을 둘러싼 갈등이 많이 일어나고 있습니다. 왜 이런 일이 일어나는 것일까요? 옛날에는 발전소나 송전탑을 세우려고 하면 그런 사업이 이루어지는 일부 지역의 주민들만 반발했습니다. 하지만 지금은 전국에 걸쳐 분산적으로 설치하고 있어 여기저기서 반대와 갈등이 일어나고 있는 것입니다.

여기에는 다양한 이유가 있을 텐데 우선 우리 사회에는 원전 관련 이해당사자들이 꽤 많아서 이들이 강고하게 에너지 전환 흐름에 저항하고 있기 때문인 것으로 보입니다. 그러면서 가짜뉴스들을 만들어서 유포하고 있습니다. 태양광이 전자파나 빛반사 문제가 있다거나, 태양광에 카드뮴이나 크로뮴 같은 중금속이 들어 있어 문제라는 이야기들은 전혀 사실이 아닌데 말이지요. 또 다른 측면에서는 지역 주민의 이해와 참여, 동의 없이 외지인이 투자해서 사업이 일방적으로 추진되어 정작 주민은 경관 변화란 피해를 감내하면서도 아무런 혜택을 공유하지 못하는 경우들이 있습니다. 그래서 에너지 전환의 필요성에 대한 아래로부터의 인식 전환과 사회적 공감대 확보가 필요하고, 주민의 참여와 협의를 통해 재생가능에너지 이용을 확대하는 것이 무엇보다 중요합니다.

한국 에너지 전환의 과제와 우리의 할 일

한국의 에너지 전환은 이제 겨우 첫발을 내디뎠습니다. 에너지 전환은 사회 전체적인 에너지 이용 방식의 변화, 산업구조의 변화, 나아가 에너지를 보는 관점과 생활방식의 변화를 의미합니다. 결코 쉬운 일이 아니지요. 문명사적 전환이라고까지 말할 수 있습니다. 이러한 변화가 가능하기 위해서는 결국은 시민이 바뀌어야 합니다. 시민들의 생활 속 실천이 중요한 것입니다. 에너지 낭비 없는 알뜰한 소비생활, 스스로 에너지 소비자를 넘어 에너지 생산자가 되어야 합니다. 그리고 우리 스스로의 에너지 소비활동이 환경과 사회에 미치는 부정적 영향에 대해 비용을 부담하고자 하는 적극적인 태도를 가져야 합니다.

그런데 이런 일이 가능하려면 제도의 변화가 있지 않으면 안 됩니다. 모든 시민이 도덕적 의무감으로 이런 일을 해내기는 힙듭니다. 그래서 이런 실천 활동을 넘어 시민이 해야 할 행동 세 가지를 뽑으면 다음과 같습니다. 첫 번째는 시민으로서 투표를 잘 해야 한다는 것입니다. 에너지 전환에 관심이 있는 정치인을 잘 뽑아야 하는 것이지요. 이들이 제도와 법, 정책을 만들기 때문입니다. 이런 정치 투표야말로 사회 변화를 위해 너무나 중요한 행위입니다.

두 번째로, '화폐투표'를 잘 해야 합니다. 우리는 시민이자 소비자입니다. 소비자들이 어떤 제품에 지갑을 여느냐, 즉 어떤 제품을 구매하느냐가 기업 활동에 직접적인 영향을 미칩니다. 에너지 효율적인 제품, 생산 과정에 에너지가 덜 투입된 제품, 이동 거리가 짧아서 수송 과정에 에너지 소비가 적은 제품 등 소비자들이 이런 제품을 구매한다면 그런 제품을 생산하는 기업들은 더욱 성장하게 되겠지요. 저는 이런 행위를 경제투표 또는 화폐투표라고 부르는데 앞의 정치투표가 4, 5년에 한 번 하는 것이라면 이것은 매일, 매 시간 가능합니다.

마지막으로는, 환경에너지 단체를 후원하는 것입니다. 환경에너지 문제의 해결이라는 공익 활동을 위해 활동하는 분들이 생계 걱정하지 않고 활발히 활동할 수 있도록 그들을 지원해야 합니다. 그리고 재능기부를 통해 그런 활동들을 함께 해나가는 것도 필요합니다. 에너지 전환은 우리 시민의 가치의 변화로부터, 삶의 변화로부터, 실천을 통한 변화의 모색으로부터 출발해야 합니다.

10

기후변화와 미세먼지의 과학

윤순창
서울대학교 지구환경과학부 명예교수

지구 환경의 변화

지질과학자들은 지구상에 존재하는 암석과 광물의 연대를 측정하여 지구의 나이를 추정합니다. 현재까지 지구상에서 가장 오래된 암석은 약 40억 년의 나이를 가지는 캐나다의 아카스타 편마암이며, 광물 중에 가장 오래된 것은 오스트레일리아에서 발견된 지르콘 알갱이로서 약 44억 년 전에 생성된 것으로 알려져 있습니다(최덕근, 《지구의 이해》). 그런데 지구에 떨어진 운석의 연령을 측정하면 대부분 46억 년입니다. 따라서 지구와 운석들이 거의 같은 시기에 형성되었다는 가설에 근거하여 우리는 지구가 약 46억 년 전에 탄생하였으리라고 추정하고 있습니다.

지구상에 현재의 인류(호모 사피엔스)가 최초로 나타난 것은 약

400만 년 전으로 알려져 있습니다. 현재까지 알려진 인류 화석 중에서 가장 오래된 것은 1994년 에티오피아의 430만~440만 년 전의 지층에서 발견되었고, 420만~410만 년 전 화석은 케냐에서 1995년에 발견된 것으로 이들은 직립보행을 했으며, 이후에 출현한 현재 인류의 직접적인 조상인 것으로 알려져 있습니다.

지구는 180만 년 전에 시작된 빙하시대가 약 1만 년 전에 끝나고, 지난 1만 년 동안은 따뜻한 시기로 인류가 한 지역에 정착하여 농경생활을 안정적으로 할 수 있는 시기였습니다. 그런데 18세기 말부터 영국에서 시작된 산업혁명은 서구 선진국들의 공업화 경쟁을 유발하여 화석연료의 사용량이 급증하게 되었습니다.

화석연료는 연소할 때 여러 가지 유해한 물질을 배출합니다. 지구온난화를 유발하는 이산화탄소CO_2뿐 아니라 인체에 위해를 끼치는 미세먼지, 미세먼지의 전구물질(어떤 물질이 만들어질 때 그 재료가 되는 물질)인 이산화황SO_2, 이산화질소NO_2 및 휘발성 유기화합물VOCs 등이 그것입니다. 이 때문에 연간 800만 명이 대기오염으로 조기 사망하는 등 화석연료는 지구 환경과 인류의 생존과 번영을 위협하는 요인으로 작용하고 있습니다.

이산화탄소와 지구온난화

우리가 무더운 여름에 열대야를 겪는 이유는, 한여름에는 공기 중에 수증기H_2O가 많아서 지표면에서 방출되는 지열을 흡수하기 때문입니다. 수증기가 적을 때의 지표면은 낮에는 햇빛을 받아 가열되었다가 밤에는 지열을 방출하여 지면과 대기를 냉각합니다.

이산화탄소는 햇빛은 흡수하지 않고 지열만을 흡수하기 때문에 대기 중에 이산화탄소의 농도가 증가하면 대기의 온도는 상승하게 됩니다. 이와 같이 지열을 흡수하여 기온이 높아지는 현상을 '온실효과'라고 하고, 이산화탄소와 같이 지열을 흡수하는 기체를 온실기체라고 합니다.

18세기 말 영국에서 시작된 산업혁명의 결과로 공장들이 세워지게 되고, 많은 사람들이 공장으로 모여들면서 공업도시가 형성되었습니다. 많은 사람들이 도시에 모여 살게 되면서 도시의 공기, 물, 토양은 오염되기 시작했고, 두 차례의 세계대전을 거치며 치열해진 서구 세계의 공업화 경쟁으로 화석연료의 사용이 급증하게 되었습니다. 그 결과 대표적인 대기오염 참사인 영국 런던 스모그 사건이 발생했습니다. 1952년 12월 5일부터 9일 사이에 발생한 스모그로 공식적으로 런던 시민 4000명이 황산 안개로 사망하였고, 그다음 해에 사망한 사람까지 포함하면 죽은 사람은 12000~16000명에 달했습니다. 또한 10만 명이 넘는 시민들이 호흡기 질환으로 고통받았습니다.

이 시기에 일부 과학자들은 대량의 화석연료 사용이 대기 중에 이산화탄소를 증가시켜 기후에 영향을 끼칠 수 있다고 우려하기 시작했습니다. 이 중 미국 스크립스Scripps 해양연구소의 대기과학자인 킬링Charles Keeling 교수는 미국 기상청과 공동으로 1958년부터 미국 하와이의 마우나 로아Manua Loa 관측소에서 대기 중의 이산화탄소 농도를 측정하기 시작했습니다. 측정을 시작한 지 수년 만에 그는 이산화탄소가 계절 변동과 동시에 (일부 과학자가 우려한 바와 같이) 매년 농도가 증가하고 있음을 밝혀낼 수 있었습니다. 킬링 교수의 이 데이터는 '킬링 커브Keeling Curve'라는 이름으로 유명해졌고, 곧 기후변화(지구온난화) 연구에 불을 지폈습니다. 현재까지 남극의 깊은 빙하층에서 채취한 얼음 핵ice core에 갇힌 공기를 분석하여 과거 80만 년간의 이산화탄소 농도의 변화와 기온 변화에 관한 연구 결과를 종합하면 아래와 같습니다.

제2차 세계대전 이후에는 서방 세계가 산업화를 기반으로 한 경제성장 위주로 발전하였고, 1960년 이후에는 동아시아 국가들의 급속한 경제성장으로 화석연료의 사용량이 급증하여 이산화탄소의 농도가 매우 가파르게 증가하고 있습니다. 그래프를 보면 2019년 5월에는 이산화탄소의 월 평균값이 415피피엠을 초과하여 1년 전보다 무려 3.4피피엠이 증가하였고, 이는 산업혁명 이전인 1750년대의

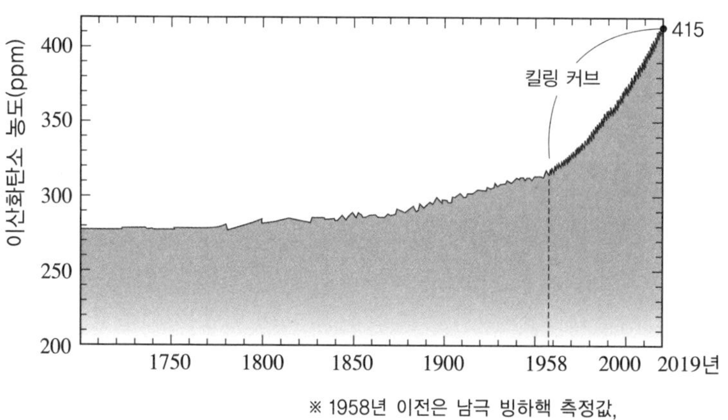

※ 1958년 이전은 남극 빙하핵 측정값,
1958년 이후는 하와이 대기 측정값임.

280피피엠에 비하여 거의 50퍼센트가 증가한 것으로, 인류가 아직 (적어도 지난 80만 년 동안) 경험해보지 못한 높은 수치입니다.

이산화탄소의 급격한 증가에 따른 지구온난화가 인류와 생태계에 어떤 영향을 끼칠지에 대한 우려가 커지고 있습니다. 이산화탄소뿐 아니라 메테인가스와 오존O_3 및 아산화질소도 온실기체로서 인간 활동에 의해 계속 증가하고 있습니다. 그리고 미세먼지 중 검댕black carbon과 탄소질 입자들은 햇빛을 강력하게 흡수하여 이산화탄소 다음으로 지구온난화에 크게 기여하는 것으로 보고되고 있습니다.

기후변화에 관한 정부간 협의체, IPCC

이산화탄소가 급증하고 있다는 사실이 확인되고, 그 결과 인간의 산업 활동이 하나밖에 없는 지구의 기후환경을 변화시킨다는 우려가 커졌습니다. 이에 따라 유엔환경계획UNEP과 세계기상기구WMO는 기후변화에 대한 과학적 및 기술적 평가를 위하여 1988년에 '기후변화에 관한 정부간 협의체IPCC'를 공동으로 창립했습니다.

현재 195개국이 회원국으로 참여하고 있는 IPCC는 정책결정자들에게 가장 신뢰할 만하고 객관적인 기후변화 관련 과학 및 기술적 평가를 제공해왔습니다. 1990년부터 출판하기 시작한 IPCC 평가보고서 시리즈와 특별보고서, 기술보고서, 방법론보고서 및 기타 보고서들은 기후변화 관련 연구를 위한 참조 및 인용의 기준이 되고 있습니다.

IPCC는 설립 이래 지금까지 총 5차례의 평가보고서를 발간했습니다. 1990년에 발간된 최초의 IPCC 평가보고서는 기후변화의 중대함과 국제협력의 필요성을 강조했고, 1992년 지구온난화에 대처하는 국제조약인 유엔기후변화협약UNFCCC의 발족에 결정적인 역할을 했습니다. 1995년에 발간된 제2차 평가보고서는 1997년 교토 의정서의 채택에 이르기까지 각국 정부에 중요한 자료를 제공했습니다. 2001년에 발간된 제3차 평가보고서는 기후변화의 영향에 중점을 두었고 적응의 필요성을 강조했습니다. 2007년의 제4차 평가보고서는 지구온난화의 온도를 2도로 제한하는 것에 초점을 둔 교토 협약 이후를 위한 기초 자료를 제공했고, IPCC는 기후변화의 심각성을 널리 전파한 공로로 2007년 노벨평화상을 수상했습니다. 제5차 평가보고서는 2013~2014년 사이에 완료되었고, 역사적인 2015년 파리협정의 과학적 근거를 제공했습니다. IPCC는 곧 6차 평가보고서를 발간할 준비 중입니다.

IPCC의 보고서 집필은 세계 각국에서 추천받은 과학자들 중 IPCC가 선정한 수백 명의 집필진에 의해 이루어지며, 집필 과정 중 3차례에 걸쳐 195개 회원국 정부와 수천 명의 전 세계 과학자들이 초안에 대한 검토 의견을 제출합니다. 최종적으로 IPCC 총회에서 195개 회원국 정부대표단이 보고서의 "정책결정자를 위한 요약본"을 승인하면 보고서가 채택됩니다. 이렇게 만들어진 IPCC 평가보고서는 각국 정책결정자들의 정책 수립의 근거가 될 뿐 아니라 유엔기후변화협약에서 정부 간 협상의 근거자료로 활용됩니다. 전 세계에서 수천 명의 사람들이 IPCC의 활동에 기여하고 있고, IPCC 과학자들은 매년 발간되는 수천 개의 과학 논문을 평가하여 기후변화의 동향, 그 영향과 미래의 위험 및 위험 경감을 위한 적응과 완화 방안을 포함하는 포괄적인 평가보고서를 제공하기 위해 봉사하고 있습니다.

기상, 기후, 대류권

여기서 기상과 기후에 대해 잠시 알아봅시다. 기상이란 어느 한순간의 대기의 상태를 말하고, 기후란 일반적으로 어느 지역에서 30년간의 기상 상태의 평균값을 말합니다. 따라서 보통 수일 후의 날씨 예측은 기상예보(일기예보)라고 말하고, 수십 년 후의 월평균 또는 계절평균 기상을 예상하는 일은 기후예측이라고 합니다. 기상예보나 기후예측의 대상은 기온, 강수량, 바람, 일조량 등의 날씨를 나타내는 기상 인자들입니다.

대기의 상태는 햇빛의 세기와 지구의 자전과 공전, 공기의 화학적 조성 및 구름과 지표면의 반사도와 흡수도 등 매우 복잡한 물리적·화학적 과정의 결과로 결정됩니다.

대기는 전적으로 햇빛, 즉 태양에서 오는 복사에너지를 받아서 바람을 일으키고, 상승기류로 구름을 만들고 비와 눈이 내리게 합니다. 이러한 기상 현상이 일어나는 공간은 지상 10킬로미터 내외에 불과한데, 이를 대류권이라고 합니다.

지구의 반지름이 6370킬로미터인 점에 비하면 대류권은 인간의 일상생활과 밀접한 대기임에도 지구 반경의 0.2퍼센트밖에 안 되는 극히 얇은 공기층에 불과합니다. 따라서 하늘이 무한히 펼쳐져 있는 것처럼 보이는 것과는 달리, 대기는 지구 규모로 보면 마치 필름처럼 얇기 때문에 공장과 발전소와 자동차에서 내뿜는 미세먼지와 배출가스(이산화황, 이산화질소 등)에 의해 매우 쉽게 오염됩니다.

지표면에서 배출되는 대기오염물질들은 대류권의 10퍼센트 정도인 지표면에서도 1킬로미터 정도 높이의 혼합층에 갇히기 때문에 비와 바람에 의해 대기오염물질이 깨끗이 씻겨나가도 하루만 지나면 또 대기(혼합층)가 미세먼지로 뿌옇게 오염되는 것입니다. 미세먼지는 또한 상승기류에 의해 대류권으로 진입하여 상층 바람을 타고 국경을 넘는 장거리 이동을 하여 지구를 한 바퀴 돌기도 합니다.

지구의 에너지 수지와 평균기온

세상의 모든 물체는 그 표면의 절대온도의 4제곱만큼의 복사에너지를 방출합니다(스테판-볼츠만 법칙). 여기서 절대온도란 공기분자의 운동에너지를 나타내는 척도로서 '절대온도 0도'는 모든 공기분자가 완전히 정지한 극한 상태를 말하며 섭씨 단위로는 -273.15도입니다.

만약에 지구에 대기가 없다면 지구에 도달하는 태양복사 에너지의 30퍼센트는 지구 표면에서 반사되고 나머지 70퍼센트가 지구 표면에 흡수됩니다. 지표면이 흡수하는 태양복사 에너지가 방출하는 지구복사 에너지(지표면 절대온도의 4제곱)보다 크면 지표면은 에너지 과잉으로 온도가 상승하고, 지표면 온도가 상승하면 지구복사 에너지가 증가하여 지표면은 흡수하는 태양복사 에너지를 초과하여 에너지를 방출하게 되어 온도가 낮아지게 되는데, 결국에는 지표면이 흡수하는 태양복사 에너지와 지표면에서 방출하는 지구복사 에너지가 같아지면 지표면 온도는 일정하게 유지되고 이를 복사 평형 온도라고 합니다. 이렇게 산출한 지구 표면의 평균 온도는 영하 18도가 됩니다. 즉, 대기에 햇빛이나 지열을 흡수하는 공기 분자가 일체 없다면 지구의 온도는 현재의 평균온도인 15도보다 무려 33도가 더 낮은 온도가 됩니다.

그런데 지구의 대기는 공기 분자로 채워져 있고, 수증기를 제외한 맑은 공기의 78.1퍼센트는 질소N_2, 20.9퍼센트는 산소O_2, 0.93퍼센트는 아르곤가스Ar로 구성되어 있습니다. 나머지 0.07퍼센트 중에서 0.04퍼센트를 차지하는 이산화탄소를 제외하면, 0.03퍼센트가 메테인, 오존, 일산화탄소CO, 이산화황, 이산화질소 등의 미량 기체들로 구성되어 있습니다.

이 중 극미량의 온실기체(이산화탄소, 메테인, 오존 등)들은 지표면에서 방출되는 지구복사 에너지를 흡수합니다. 따라서 지구 표면에서 방출되는 복사에너지가 대기권 밖으로 나가지 못하고 지구 대기(대류권)에 갇히게 되어 기온이 높아집니다. 온실기체가 많으면 많을수록 더 많은 지구복사 에너지가 대기에서 흡수되어 기온이 더 높아집니다. 즉, 온실기체의 증가가 지구온난화를 유발하는 것입니다. IPCC 제5차 평가보고서에 의하면 1880~2012년의 기간에 전 지구의 육지, 해양 표면의 온도는 평균 0.85도 증가했습니다.

지구에 도달하는 태양복사 에너지는 거의 변하지 않는 상수입니다. 지구 대기에 도달하는 햇빛은 전 지구를 평균하여 구름에 의해서 20퍼센트, 공기분자와 에어로졸(대기 중의 고체 또는 액체 미립자)에 의해서 6퍼센트, 지표면에서 4퍼센트가 반사되어 총 30퍼센트가 우주로 되돌아갑니다. 20퍼센트는 대기에서 산소, 오존, 에어로졸 및 구름에 의해 흡수되고 나머지 50퍼센트가 지구 표면(지표면과 해수면)의 표면에 흡수됩니다.

지구 표면은 흑체복사 법칙에 따라 지표면 온도의 4제곱에 비례하는 지구복사 에너지를 방출하여 대기 중에서 구름과 온실기체와 에어로졸에 의해 흡수되고, 대기 또한 기온의 4제곱에 비례하는 장파 에너지를 지표면과 우주로 방출하여 (햇빛 세기의) 70퍼센트만큼이 우주로 방출됩니다. 즉, 지구에 도달하는 햇빛의 30퍼센트는 우주로 되돌아가고, 지표면과 대기에서 방출된 장파에너지 중에서 우주로 나가는 에너지가 햇빛 세기의 70퍼센트가 되어 결과적으로 우주로 나가는 단파 에너지와 장파 에너지의 합이 100퍼센트가 되므로 지구의 평균 온도는 일정하게 유지되는 것입니다.

온실기체가 증가하면 대기가 장파 에너지를 더 많이 흡수하여 기온이 상승합니다. 기온이 상승하여 남극의 빙하가 녹으면 지표면의 반사율이 감소하여 지표면에는 더 많은 태양복사 에너지가 도달하고, 지표면의 온도가 상승하여 대기를 더욱 가열해 지구온난화를 가속시킵니다.

기온이 상승하면 해수면과 지표면에서 수증기가 더 많은 증발하여 더 많은 구름이 생성됩니다. 이렇게 증가한 구름은 햇빛을 강력히 반사하므로 지구의 반사율이 증가하여 지구의 기온을 낮추는 역할을 하게 됩니다. 온실기체만이 아니라 에어로졸은 햇빛을 직접 흡수하거나 산란시킴으로서 대기를 가열하거나 냉각하고, 간접적으로는 구름의 응결핵으로 작용하여 구름의 양과 질을 변화시켜 기상 예보에 중요한 역할을 하고 나아가 기후변화에 영향을 주게 됩니다. 기상과 기후는 이와 같이 복잡한 물리, 화학 과정이 뒤엉켜 있으므로 기상예보와 기후예측 모델링에는 슈퍼컴퓨터가 필요합니다.

미세먼지

'미세먼지PM'란 단어의 사전적 의미는 눈에 보이지 않을 정도로 크기가 작은 먼지라는 의미입니다. 우리나라의 환경부에서는 지름이 10마이크로미터㎛보다 작은 입자상 물질PM10을 '미세먼지'라고 이름하고, 이보다 작은 2.5마이크로미터 미만의 입자PM2.5를 '초미세먼지'라고 이름하고 있습니다.

1마이크로미터는 100만 분의 1미터를 의미하고, PM은 Particulate Matter(입자상 물질)의 약자로서 보통 인위적으로 발생하는 입자상 대기오염물질을 의미합니다. '먼지'는 보통 바람에 날리는 비산먼지나 황사와 같은 자연적으로 발생하는 흙먼지를 의미하기 때문에, 인위적인 대기오염 입자는 PM이라고 하거나 입자 크기에 따라 PM10과 PM2.5로 구분하여 사용합니다.

1952년의 런던 스모그 사건 이후에 선진 공업국들은 1960년대부터 인체에 해로운 대기오염가스(이산화황, 이산화질소, 일산화탄소, 오존 등)와 '총 부유분진(100마이크로미터 이하의 모든 부유 먼지)'을 규제하기 시작하였고, 1990년경부터는 총 부유분진 대신 PM10을 규제하기 시작했습니다.

이후 사람의 코와 목에서 걸러지지 않고 폐 속까지 깊숙이 들어가서 인체에 해를 끼치는 입자는 PM2.5라는 사실이 밝혀지면서, 미국은 1997년부터 PM2.5를 추가로 규제하기 시작하였고 유럽은 2005년부터, 일본은 2009년부터, 중국은 2012년부터 이를 규제하기 시작했습니다. 우리나라는 그보다 늦은 2015년부터 PM2.5를 규제하게 되었습니다.

세계보건기구WHO는 PM2.5가 폐 깊숙이 들어가 폐암과 폐질환 및 호흡기 질환을 유발할 뿐 아니라, 혈관에 침투하여 관상동맥질환(심근경색)과 뇌경색 등을 유발하여 전 세계에서 연간 800만 명이 대기오염으로 목숨을 잃는 것으로 보고했습니다.

과학자들은 PM2.5보다 PM1(1마이크로미터 미만의 입자)의 생성 과정과 그 역할에 더 큰 관심을 갖고 있습니다. 화석연료의 사용에 의해 발생하는 인위적인 대기오염 입자는 0.5마이크로미터 정도의 PM1 입자이기 때문입니다.

PM1 입자들은 햇빛을 산란시키나 흡수하여 하늘을 뿌옇게 또는 누렇게 만들고, 구름의 응결핵으로 작용하여 구름을 생성하고 지구의 반사율과 강수량을 변화시키는 등 날씨와 기후변화에 중요한 역할을 합니다.

우리나라와 중국의 미세먼지 현황

아래 그래프는 2001년부터 서울시의 미세먼지 농도변화 추세입니다. 2005년부터 2014년까지 시행된 1차 수도권 대기환경관리 기본계획의 성과로 2012년까지는 PM10이 많이 줄었으나 2013년부터는 오히려 증가하는 추세입니다.

사실 PM10 농도는 10~20년 전에 비해 많이 줄었음에도 지난 수년간 대부분의 시민들은 미세먼지 문제가 더 심각해지고 있다고 생각할 것입니다. 평균 농도는 많이 줄었으나 고농도 발생일이 늘어났기 때문이라는 의견이 있는가 하면, 중국의 석탄 사용량이 늘어나서 중국의 영향이 커졌다는 기사도 많이 보도되었기 때문일 것입니다.

미세먼지에 의한 건강 피해가 심혈관질환과 폐암, 폐질환 및 호흡기 질환만이 아니라 당뇨병과 우울증, 뇌질환 등의 각종 성인병과 아토피 피부병과 임신 중의 태아에도 영향을 끼친다는 연구 보고들

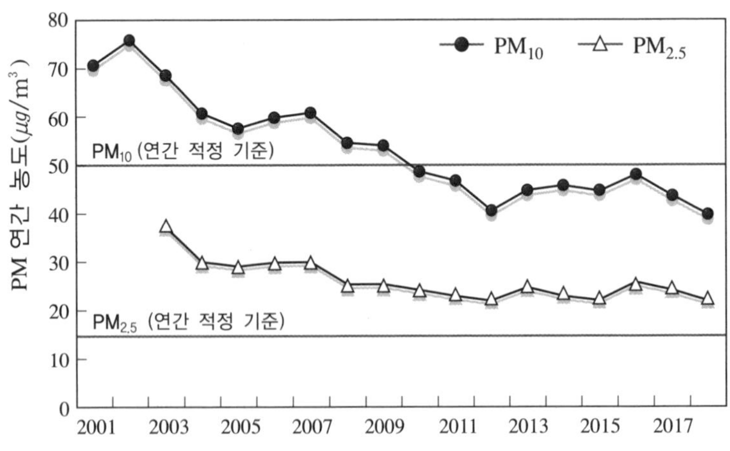

이 속속 언론에 소개되면서 미세먼지에 대한 시민들의 우려와 관심은 최고조에 달했고, 국민 여론조사에서는 미세먼지 문제가 국가가 해결해야 할 최우선 과제로 부상했습니다.

이렇게 혼란스러울 때일수록 우리에게는 공인된 과학적 사실에 근거해서 판단하는 혜안이 필요합니다. 그런데 미세먼지에 대해서는 그 전구물질들(황산화물, 질소산화물, 암모니아NH3, 아민 및 각종 휘발성 유기화합물)에 대한 배출량 자료가 불확실하고, 이 전구물질들이 어떠한 화학반응을 거쳐 대기에서 입자로 전환되는지에 대한 기초연구가 아직 많이 부족합니다. 따라서 미세먼지 예보를 위한 모델의 성능도 아직은 제한적이고 향후 지속적인 개선이 필요합니다. 즉, 미세먼지의 과학은 배출량 조사와 생성 과정 등 모든 면에서 아직은 불확실성이 매우 큰 편이고 많은 다양한 방법의 연구가 필요한 분야입니다(미국 과학한림원, 2016).

고농도 미세먼지의 발생 원인에는 국내 요인과 국외 요인이 있습니다. 국내 요인은 한반도에 며칠간 고기압이 정체하여 바람이 약해서 그동안 발생한 미세먼지가 고스란히 축적되는 경우입니다. 고기압이 5일간 정체하여 바람이 안 불면 미세먼지 농도가 평소의 5배까지 증가할 수 있는 것입니다. 배출량의 증가도 농도 증가의 원인이 되겠지만 배출량이 며칠 사이에 급격히 증가하는 일은 없을 것이므로, 바람이 고농도 발생에 가장 중요한 기상인자로 작용합니다.

국외 요인은 중국의 고농도 미세먼지가 한반도로 이동하는 경우입니다. 한반도는 중국에서 부는 바람을 그대로 마주하게 되어 있어

겨울철과 봄철에는 북서풍을 타고 중국에서 발생한 미세먼지가 한반도로 이동하는 경우가 많습니다. 바람이 약한 날 중국의 영향까지 합해지면 미세먼지 농도가 평소의 5배 이상까지 증가할 수 있는 것입니다.

우리나라는 2012년 이후에 미세먼지가 증가했거나 정체해 있는 반면에, 같은 기간 중국은 대기환경 개선을 위한 엄청난 연구 투자와 정책적 노력으로 대기오염을 대폭 줄이고 있습니다. 급속한 경제성장으로 화석연료의 사용량이 급증하고 있음에도 불구하고 2013~2018년 동안 베이징시의 평균 대기오염도는 이산화황이 70퍼센트, PM2.5가 35퍼센트 감소하는 놀라운 실적을 보이고 있습니다.

중국의 대기환경 개선은 사실상 2008년 베이징올림픽 이전부터 정부의 과감한 연구개발 투자와 강력한 정책 시행의 결과라고 할 수 있습니다. 유엔은 2019년 3월에 이와 같은 중국의 대기오염 저감 정책의 성공사례를 보고서로 발간하기도 했습니다.

중국의 영향

우리나라의 미세먼지에 중국의 영향이 얼마나 되는지를 정량적으로 평가하기는 매우 어려운 일입니다. 위성사진이나 백령도와 제주도 등의 대기오염 집중 측정소에서의 자료와 바람의 궤적을 분석하면 중국에서 날아오는 대기오염물질에 대한 명백한 증거들이 많이 있으나, 연간 기여율을 정확하게 산출하기에는 역부족이고 그 불확실성이 큽니다. 현재 고농도 발생일에는 중국의 영향이 60퍼센트 또는 그 이상이고, 연평균 수치로는 30퍼센트 정도라는 의견이 지배적이나, 이 또한 주로 모델링에 의한 산출 결과로 그 정확성이 떨어집니다.

한국과 중국 및 일본의 최근 PM2.5 연평균 농도를 비교해보면, 서울이 단위부피(m^3)당 26, 베이징 52, 도쿄가 13마이크로그램입니다. 즉, 서울이 도쿄의 2배이고, 베이징은 서울의 2배 정도이지만, 중국이 지금과 같은 강력한 정책을 지속하면 10여 년 후에는 베이징의 미세먼지 농도가 현재의 서울과 같아지거나 더 좋아질 수 있을 것으로 예상됩니다. 도쿄도 10여 년 전에는 현재의 서울과 같았습니다.

일본이 한국보다 에너지를 2배나 사용하면서도 PM2.5 농도가 낮은 이유는 한국은 경유차 점유율이 약 50퍼센트인 반면에 일본은 1퍼센트 미만이라는 점도 주목해야 할 차이점이라고 하겠습니다.

미세입자의 생성

화석연료에는 탄소C 만이 아니라 황S 성분이 일정 부분 포함되어 있어, 화석연료가 연소할 때 온실기체인 이산화탄소만이 아니라 대기오염가스인 이산화황도 발생합니다. 이산화황은 대기 중에서 화학반응으로 황산이나 유기황산염이 되고, 황산은 암모니아와 반응하여 황산암모늄 입자로 전환됩니다. 이때 공기 중에 아민이 3피피티(1조분의 3) 이상만 있어도 암모니아만 있을 때보다 입자의 생성율이 1000배 이상 증가합니다.

또한 연료 연소 시에 고열에 의해 공기 중의 질소N_2와 산소O_2가

분해되어 일산화질소NO를 배출하는데, 일산화질소는 곧 NO_2로 산화되고 광화학반응을 거쳐 궁극적으로 오존O_3, 질산HNO_3 및 유기질산염이 됩니다. 질산은 다시 공기 중의 암모니아NH_3와 반응하여 질산암모늄 입자로 전환됩니다. 그래프를 보면 2015년 9월에 밝혀진 폭스바겐 경유차의 질소산화물NOx 배출 조작 사건 이후 환경부가 우리나라에서 운행하는 20종의 경유승용차에 대한 주행 중 질소산화물 배출량을 조사한 결과, 거의 모든 차종이 배출 허용 기준의 5~10배를 초과하여 배출하는 것으로 밝혀졌고, 일부 차종은 10~20배까지도 초과 배출하는 것으로 나타났습니다.

환경부는 산업시설의 질소산화물 배출량이 연간 39만 톤(2015)이라고 발표했으나, 감사원의 감사 결과 철강 생산 공정에서 발생하는 부생가스의 연소에 따른 배출량 11만 톤이 누락되는 등 질산염의 전구물질인 질소산화물 배출량이 실제보다 많이 낮게 산출되어 PM2.5

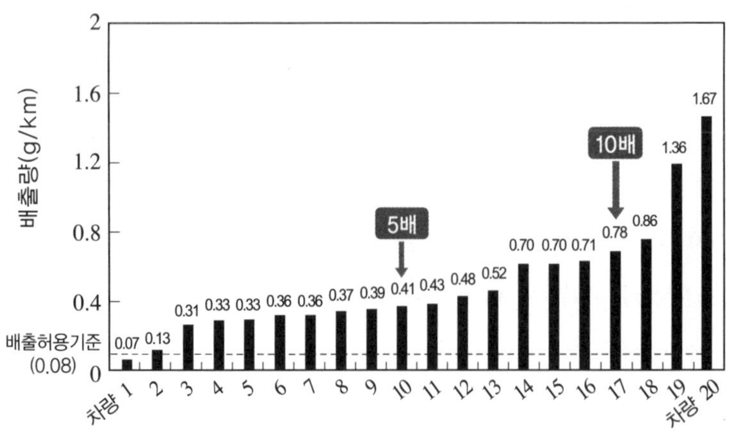

기여율 산정에 큰 오류가 있음이 밝혀지고 있습니다.

식물이나 나무에서 배출하는 이소프렌isoprene이나 모노테르펜monoterpene, 자동차나 페인트 등에서 배출되는 벤젠이나 톨루엔 같은 휘발성 유기화합물이 대기 중에서 입자로 전환되는 화학반응은 황산염이나 질산염과 같은 무기입자의 생성과정에 비해 훨씬 더 다양하고 복잡하여 아직 많이 밝혀지지는 않았으나, 중국과 유럽 및 미국에서 유기입자의 생성과정에 대한 연구가 매우 활발하게 진행되고 있습니다. 산림에서 배출되는 모노테르펜에 의해 생성되는 '2차 유기입자SOA'가 여름철 유기입자의 반을 차지한다는 연구 결과와 대도시 휘발성 유기화합물 중 주요 방향족 탄화수소hydrocarbons인 톨루엔이 오존과 2차 유기입자의 생성에 중요한 역할을 한다는 연구 결과 및 중국 베이징시의 고농도 미세먼지 발생시의 2차 입자 생성과정에 대한 연구 등 대도시에서 휘발성 유기화합물에 의한 2차 유기입자의 생성 과정에 관한 연구 결과들이 많이 발표되고 있습니다. 특히 중국 과학자들에 의한 베이징의 PM2.5 생성과정에 대한 연구 결과들이 많이 발표되고 있습니다.

2016년 5~6월간 국립환경과학원과 미국 항공우주국NASA이 공동으로 시행한 한반도 대기질 조사연구KORUS-AQ에 의하면 수도권 PM1의 약 50퍼센트가 유기입자이고, 나머지 약 50퍼센트가 질산염과 황산염, 암모늄 등의 무기입자이고, 2차 생성입자가 76퍼센트를 차지하는 것으로 나타납니다. 이 중에 2차 유기입자가 가장 많은 부분을 차지하는데, 어떤 성분의 휘발성 유기화합물이 2차 유기입자의 생성에 기여하는지에 대한 연구는 아직 매우 미진합니다.

요약

초미세먼지PM2.5의 대부분은 PM1입니다. 수도권 PM1의 약 75퍼센트는 화석연료 연소 시 배출되는 황산화물과 질소산화물이 황산과 질산이 되어 암모니아와 반응하여 황산암모늄과 질산암모늄이 되는 2차 무기입자와 나무나 식물이 배출하는 모노테르펜이나 이소프렌, 페인트나 자동차에서 배출되는 벤젠이나 톨루엔 등의 휘발성 유기화합물이 광화학반응을 거쳐 2차 유기입자(탄소를 포함한 입자)로 전환된 입자들입니다. 따라서 PM1의 전구물질인 SO_2, 질소산화물, NH_3, 휘발성 유기화합물의 성분별 배출량을 정확하게 산출해야 합니다. 특히 PM1의 40퍼센트 이상을 차지하는 2차 유기입자의 전구물질과 생성과정이 규명되어야 합니다. 이를 위해서는 고가의 측정기기와 박사급의 고급 측정기술 인력이 필요한데, 안타깝게도 우리나라에는 아직까지 이 분야의 연구가 매우 미진합니다. 대학에 이러한 측정기기를 도입하고 기초 대기화학 연구를 진작해 고급 연구 인력을 시급히 양성해야 합니다.

세계보건기구는 2016년 한 해 동안 대기오염(실내오염 포함)에 의해 연간 800만 명이 급성호흡기질환과 폐암, 만성 폐색성 폐질환, 허혈성 심장질환 및 뇌졸중으로 조기에 사망한 것으로 발표했습니다.

PM1은 사람의 폐포까지 깊숙이 들어가 혈관에 침투하여 각종 질환을 유발하는데, PM1은 햇빛을 산란시켜 하늘을 뿌옇게 보이게 하고 시정을 악화시킵니다. 검댕black carbon은 햇빛을 흡수하여 지구온난화에 기여하고, 황산염과 질산염은 햇빛을 흡수하지 않고 산란만 시켜 대기를 냉각하는 역할을 합니다. 검댕은 햇빛을 강력히 흡수하여 이산화탄소 다음으로 지구온난화에 크게 기여하는 것으로 밝혀지고 있습니다.

또한 PM1은 구름의 응결핵으로 작용하여 구름을 생성해 구름의 양은 증가하나 반면에 구름 입자의 수가 증가하고 구름 입자의 평균 크기는 감소하여 반사도가 증가하고, 구름의 체류 기간이 길어져 강수량이 감소하는 등 기후변화의 원인이 됩니다. 기후변화로 풍속이 약해지고 강수량이 줄어들면 미세먼지 농도는 증가하므로 미세먼지와 기후변화는 서로 분리할 수 없는 서로 연관된 문제입니다.

산불이나 식생에서 배출되는 휘발성 유기화합물이 생성하는 유기입자나 황사나 비산먼지 같은 자연발생원에 의한 미세먼지는 인위적으로 규제하기 어려우나, 화석연료의 사용량을 줄임으로서 초미세먼지의 전구물질인 황산화물과 질소산화물 및 휘발성 유기화합물을 줄일 수 있고, 동시에 지구온난화의 주범인 이산화탄소를 저감할 수 있습니다.

우리나라 수도권의 PM2.5는 지난 20여 년간 꾸준히 감소하는 추세에 있었으나 2013년부터는 오히려 증가하는 경향을 보이고 있고, 겨울철의 고농도 발생일 수는 증가하는 추세를 보이고 있습니다. 그 이유로는 이 기간에 풍속은 감소하고 강수량이 증가한 기상요인도 있고, 2010년경부터 클린디젤 정책으로 경유 승용차의 판매가 급증한 점도 있습니다.

중국은 2013~2017년에 베이징시의 이산화황 배출량을 무려 83퍼센트, 질소산화물과 휘발성 유기화합물 배출량을 각각 43퍼센트, 42퍼센트를 줄이고 PM2.5 배출량을 59퍼센트를 줄이는 괄목할 만한 성과를 올리고 있습니다.

우리나라 국민들의 미세먼지 피해에 관한 관심과 우려가 최고조에 달해 있지만, 기후변화의 영향은 미세먼지와는 비교도 할 수 없을 만큼 심각함에도 그렇게 느끼는 국민들은 많지 않은 것 같습니다. 기후과학자들은 그린란드나 툰드라의 영구동토층이 지구온난화로 사라지고 다시는 회복이 될 수 없는 임계점에 근접하고 있고, 생물종의 다양성이 크게 훼손되어 생태계의 먹이사슬이 변하고 있으며, 해수면의 상승과 새로이 부상하는 자연재해의 위험이 인류의 번영과 생존을 위협하고 있다고 경고하고 있습니다.

11

재난과
위험사회

박범순
카이스트 과학기술정책대학원 교수

재난과 과학기술은 어떤 관계일까요? 2019년 4월 노트르담 대성당에 화재가 났을 때 고열에 잘 견디는 소방로봇과 공중에서 상황정보를 제공한 드론의 활약상은 재난 대처 기술의 유용성과 필요성을 잘 보여줬습니다. 하지만 과학기술이 단순히 재난 대처를 위한 도구로만 쓰이는 것은 아닙니다. 예컨대 2011년 후쿠시마 원전 사고에서도 재난로봇이 투입된 바가 있고 최근에는 로봇을 이용해 녹아버린 원자로의 수중촬영에 성공하기도 했지만, 과학기술은 이보다 훨씬 광범위하고 일상적인 측면에서 사람의 삶과 심지어는 국제관계에도 영향을 미칩니다.

후쿠시마 해역에서 잡은 생선은 먹어도 괜찮을까요? 측정기기에 나와 있는 객관적 수치와 사람들의 마음속에 있는 주관적 수치와의 차이, 즉 '안전'과 '안심'의 차이는 어떻게 설명할 수 있을까요? 이런 상황에서 후쿠시마산 생선을 수입해도 괜찮을지 판단하는 것은 쉽지 않습니다. 우리나라에서도 비슷한 예를 찾을 수 있습니다. 2018년 8월에 세월호 선체조사위원회 최종 보고서가 나왔는데, 배가 무엇 때문에 어떻게 침몰하게 되었는가를 조사하기 위해 공학자, 과학자가 투입되고 해외에서 모형 시험도 거쳤지만, 결국 합의를 이루지 못하고 두 가지 설명이 나란히 기재된 보고서가 제출되고 말았습니다. 유족 한 분은 "진실만이 남았다, 제발 말 좀 해주라, 세월호야"라고 할 정도로 큰 기대를 했건만, 과학기술은 인양된 선체의 침묵을 깨지 못했습니다.

이처럼 재난이 일어난 후 원인 조사, 사후처리, 국민 인식 등에 과학기술이 복잡하게 관여합니다. 이 장에서는 재난과 관련하여 과학기술의 불확정성uncertainty이 왜 일어나며 이것이 법정 다툼에서는 어떻게 작동하는지 살펴보겠습니다.

근대성과 위험사회

현대 사회를 한마디로 정의하기는 어렵겠지만, 과학기술의 지식과 생산력에 바탕을 둔 산업혁명과 과학기술의 합리성, 객관성, 보편성에 기반한 관료제도의 성장은 가장 눈에 띄는 핵심적인 요소라고 할 수 있습니다. 오늘날 산업을 일으켜 경제를 발전시키고 통치를 강화하는 일을 소홀히 하는 나라는 없을 것입니다.

하지만 1980년대에 들어 산업사회를 대치할 개념으로 '위험사회

risk society'라는 용어가 등장했습니다. 독일의 사회학자 울리히 벡Ulrich Beck이 제안한 개념인데, 그 핵심은 과학기술이 가져온 물적·지적 변화, 즉 '근대성modernity'에 대한 근본적인 성찰이 필요하다는 것입니다. 이미 두 차례의 세계대전을 거치면서 과학기술이 문명을 파괴하는 데 사용될 수 있다는 점에 대한 반성은 있었지만, 이것은 과학기술을 올바르게 사용해야 한다는 윤리의식을 강조하는 데 그쳤습니다.

벡은 여기서 한 걸음 더 나아가, 과학기술의 발전이 가져온 의도치 않은 문제들, 특히 위험을 누가 어떻게 어디서 부담할 것인가 라는 '분배의 문제'에 대해 보다 철저한 성찰이 있어야 한다고 주장했습니다. 벡의 이론은, 산업사회가 가지고 있는 '선성장-후안전' 원리는 일단 성장을 추구하는 것이 중요하고 그 과정에서 생기는 사회문제는 합리적인 방법으로 해결할 수 있다는 자신감을 기반을 두고 있는데, 바로 이 근대성의 오만이 노동문제, 보건문제 등을 간과하게 만들었다는 것입니다.

1986년에 출판된 벡의 《위험사회》는 그해 구소련(지금의 우크라이나)에서 체르노빌 원전 사고가 일어나면서 비상한 관심을 받았습니다. 벡은 근대 과학의 속성상 위험이 한 나라만의 문제가 아니라 지역을 초월해 벌어질 수 있는 지구적 문제이며, 한번 벌어지면 수습하기 어려운 비가역적인 문제라고 했는데, 바로 그런 일이 일어난 것입니다.

그럼에도 벡은 과학기술에 대해 낙관적인 태도를 견지했습니다. 과학기술의 발전을 도모하고 근대화를 추구하되, 그 과정이 제대로 진행되고 있는지, 혜택의 분배뿐만 아니라 안전과 위험의 분배도 고려하고 있는지 끊임없는 성찰을 통해 근대성을 살릴 수 있다고 보았기 때문입니다.

한편, 1980년대의 우리나라는 많은 변화를 동시에 겪었습니다. 정치적으로는 민주화운동이 결실을 이루어 군부독재를 종식시켰고, 경제적으로는 가파른 산업화의 결과로 선진국 진입을 목전에 두게 되었으며, 사회적으로는 도시로의 인구 유입 증가와 중산층 확대가 빠르게 일어났던 시기였습니다. 이런 상황에서 체르노빌 사건은 원전의 위험에 대한 인식이 확대되는 계기를 마련하기보다는 오히려 국제적으로 원자력 기술에 대한 투자가 냉각되는 시점에서 기술이전을 통해 한국식 원전을 개발할 기회로 여겨졌습니다.

우리나라에서 압축성장의 문제점들이 드러나고 위험사회 이론이 관심을 끌기 시작한 것은 90년대 중반이었습니다. 성수대교 붕괴 사건(1994)과 삼풍백화점 붕괴 사건(1995)이 연이어 일어나면서 그동안 앞만 바라보고 경제성장을 위해 달려왔던 지난날을 돌이켜보기 시작했습니다. 사회학자들은 소위 '돌진적 근대화'의 산물로 이중위험사회, 복합위험사회, 후진적 위험사회 등으로 표현할 수 있는 한국만의 위험사회가 도래했다는 이론을 펴기도 했습니다.

한 가지 흥미로운 것은 이러한 반성이 과학기술에 대한 근본적인 성찰 또는 위험 분배의 문제에 대한 논의로 이어지지는 않았다는 점입니다. 물론 환경문제에 대한 관심이 크게 늘어나고 생명윤리에 대한 새로운 인식이 퍼져가고 있기는 했지만, 여전히 우리는 과학기술을 경제성장을 견인하는 엔진으로만 간주하는 경향이 컸습니다.

망원동 수해 사건, 인재人災인가 천재天災인가

성장만을 앞세운 돌진적 근대화 과정에서의 문제점들은, 성수대교와 삼풍백화점 붕괴 사건과 같이 거의 모든 사람들이 동시에 충격을 받는 예를 제외하고는 주로 정치경제적·사회적 약자들에게 개인적으로 또는 집단적으로 나타났습니다. 이들은 피해를 받고도 어디에 호소해야 하는지, 또는 어떤 식으로 보상을 요구해야 하는지를 모르는 사람들이었습니다. 이들의 목소리가 되어준 변호사의 변론을 통해 과학기술과 법이 재난을 해석하고 판단하는 데 어떻게 쓰이는지 조망해볼 수 있습니다. 여기에선 망원동 수해 사건과 상봉동 진폐증 사건 두 가지를 살펴볼 것입니다.

망원동 수해 사건은 1984년 9월에 발생했습니다. 9월 1일부터 내린 집중호우로 서울 망원동 유수지 일대가 물에 잠기고 말았습니다. 망원동 유수지는 평상시에는 유수지에 고인 물이 배수관로를 따라 한강 쪽으로 흘러가도록 되어 있고, 한강의 수위가 높아지면 배수관로의 유수지 쪽 끝에 설치된 수문이 차단되어 한강물의 역류를 막을 수 있게 설계되어 있었는데, 이 작동을 하는 배수갑문의 수문상자가 붕괴된 것입니다.

이 수해로 피해를 본 가구는 약 1만 8천 가구, 총 피해 주민은 8만여 명에 달했습니다. 한 달 반 뒤, 한정자 씨를 비롯한 피해자 망원동 20가구의 주민 80명은 서울시와 현대건설을 상대로 소송을 제기했고, 거의 3년을 끈 이 소송의 1심에서 승소했습니다. 이 승소 판결이 언론에 보도되자 곧 5000여 가구 2만여 명이 대거 소송을 신청했습니다. 실의에 차 있던 망원동 피해 주민들이 법적 절차를 통해 국가를 상대로 배상을 받을 수 있도록 이끈 사람은 인권변호사로 잘 알려진 조영래 변호사였습니다. 그는 당시 시민공익법률상담소를 운영하고 있었습니다.

망원동 수해 사건의 1차 소송은 20가구가 제기했는데, 5가구씩 4건으로 나누어서 진행되었습니다. 조영래 변호사는 이 중 대표사건인 한정자 사건을 담당하여, 서울시에 망원동 유수지의 설계 및 유지·보수에 있어서 배상 책임을, 현대건설에는 시공에 있어서의 배상 책임을 요구했습니다.

이 사건의 쟁점은 망원동 유수지의 붕괴가 피고가 주장한 대로 서울시의 설계 및 유지·보수나 현대건설의 시공 탓인지, 아니면 천재지변으로 인한 결과였는지를 가리는 데 있었습니다. 따라서 망원동 사건의 재판에 있어서 토목공학적 조사는 매우 중요한 근거로서 판결에 큰 영향을 끼치게 되었습니다. 문제는 조사자에 따라 결과가 다르게 나왔고 해석도 상이했다는 점이었습니다. 붕괴 원인에 대해서는 크게 세 개의 전문가 팀이 조사를 맡았습니다. 가장 먼저, 수재가 난 직후 서울시의 의뢰로 대한토목학회가 기본적인 조사보고서를 서울시에 제출했습니다.

조영래 변호사는 소송장을 제출함과 동시에 증거보전신청서를 내고, 사고 원인에 대한 정밀한 감정을 요청했는데, 이 요청에 따라

1985년 4월 연세대학교 토목공학과 이원환 교수가 조사를 실시하여 수문상자의 설계상의 문제점을 지적했습니다. 이에 대해 서울시는 이원환 교수의 감정 결과의 신뢰성이 없다고 반박하며, 고려대학교 토목공학과 최영박 교수를 추천하여 또 한 번 감정을 하게 되었습니다. 최영박 교수는 이원환 교수의 감정 방법에 의문을 제기하며 서울시의 설계는 '통상적 안정성'에 맞춰 이루어졌기 때문에 천재지변에 해당하는 상황에 책임이 없다고 주장했습니다.

이에 대해 조영래 변호사는 과학적 증거의 중요성을 충분히 인정하지만, 그렇다고 과학자나 공학자가 법적 가치의 영역까지 침범하는 것은 바람직하지 않다고 보았습니다. 환경 문제와 같이 가해와 피해의 인과관계가 명확히 드러나지 않는 경우에서 과학적 입증에만 초점을 맞출 경우, 피해자가 충분한 증거를 제시하기 힘든 경우가 많기 때문이었습니다. 이런 관점에서 최영박 교수의 논지를 조목조목 반박하여 결국 소송을 승리로 이끌 수 있었습니다.

상봉동 진폐증 사건, 한국 최초의 공해병

상봉동 진폐증 사건은 직업과 관련 없는 공해로 발생한 질병을 우리나라에서 최초로 인정받은 사례입니다. 진폐증은 미세한 돌가루, 쇳가루 등이 폐에 침착되어 세포조직에 손상을 입히는 질병을 말하는데, 분진이 많이 발생하는 탄광 및 시멘트 제조 공장, 석면 공장, 용접 및 금속조립 공장 등에서 많이 발견되는 일종의 직업병으로 알려져 왔습니다.

1987년 3월 서울시 상봉동에 사는 한 가정주부가 국립의료원에서 진폐증의 일종인 탄분침착증, 이른바 광부직업병 판정을 받았다는 기사가 〈서울신문〉에 짧게 실렸습니다. 이 내용은 그다음 해 1월 〈조선일보〉 사회면 톱기사로 자세히 보도되면서 세간의 관심을 끌게 되었습니다.

피해자인 박길래 씨는 8년 전부터 이 지역에 살면서 대중음식점을 경영하던 주부로, 3~4년 전부터 극심한 기침과 통증으로 폐결핵, 기관지염의 치료를 받다가 거의 치료가 불가능한 진폐증을 앓고 노동능력을 상실한 상태로 있는 것으로 드러났습니다.

박 씨는 〈조선일보〉 기자의 주선으로 조영래 변호사를 만나 손해보상 소송에 들어갔습니다. 피고는 삼표연탄 망우공장의 사업주인 강원산업이었고, 1989년 1월, 1심 승소판결이 나오기까지 약 1년 동안 열네 차례의 재판이 열려 치열한 법정 공방이 오갔습니다.

조영래 변호사는 소장에서 박 씨의 근로수입 상실, 치료비 및 위자료 등 일체의 손해배상을 피고에게 청구했는데, 그 책임의 발생을 개연성의 개념을 사용하여 설명했습니다. 원고가 삼표연탄 망우공장에서 200~300미터 떨어진 곳에 약 8년간 거주하였고, 공장에서 대기를 타고 확산하는 석탄 분진을 계속 흡입하여, 진폐증에 걸리게 되었으며, 이는 국립의료원의 정밀검사를 거쳐 확인되었다고 사건의 경위를 기술했습니다. 이 소송장에서는 공해와 질병 사이의 인과관계에 대한 특별한 언급 없이 단지 상황증거에 기대어 피고의 책임을 물었습니다.

이에 피고 측은 손해배상 책임을 전면적으로 부인하고 나섰습니다. 먼저 피고 회사는 전국의 어느 연탄공장보다 완벽하고 모범적인 분진방제 시설을 갖추고 있고, 발생된 분진이 대기를 통해 비산하는 것을 억제하기 위한 최선의 노력을 하였기에, 원고의 진폐증 발생에 대해 고의 또는 과실이 없다고 주장했습니다. 그리고 피고 회사의 공익적 성격, 즉 석탄 자원의 효율적 사용과 국민 연료 사용의 향상에 이바지해온 점을 강조하고, 망우공장은 1957년에 주거지가 형성되기 전에 설립되었기 때문에 오히려 주민들이 석탄 가루의 방산에 대해 어느 정도 참고 인내할 의무가 있다는 논지를 폈습니다.

또한 박길래 씨가 본시 건강한 체질이 아니라 '진폐증 증후군 등 특이체질'이라 볼 수 있고, 상봉동 일대에는 피고 회사 이외의 다수의 사업장에서 분진, 매연 등을 배출하므로 원고의 진폐증 발병과 피고 회사의 석탄분진 발생에 상당한 인과관계가 있다고 볼 수 없다고 반박했습니다.

박 씨의 진폐증을 공해병으로 인정받기 위해 가장 핵심적인 요소는 인과관계의 입증이었습니다. 이를 위한 가장 어렵고 중요한 일은 사업장 인근 주민들에 대한 역학조사였고, 이 조사를 위해서는 의료계의 참여가 절실했습니다. 이때 마침 결성된 인도주의실천의사협의회(인의협)의 의사들이 상봉동 주민 검진에 나섰습니다. 상봉동 진폐증 사건은 인의협이 정식 출범한 뒤 처음 조사한 사건이었는데, 당시 산업의학이나 환경의학은 거의 불모지나 다름없었습니다.

인의협의 역학조사는 4월 공장 주변에 거주하는 주민 87명을 대상으로 행해졌고, 집단검진 실시 결과 원고를 포함한 3명이 진폐증, 또 다른 3명이 진폐증 의심 소견을 보였습니다. 이에 따라 서울시는 6월부터 피고 회사의 상봉동 공장을 포함 시내 17개 연탄공장 주변에 거주하는 주민들 약 2000명을 대상으로 진폐증 검사를 했는데, 이 중 진폐증 환자는 8명, 진폐증 의심 환자는 13명인 것으로 최종 확인되었습니다. 진폐증 환자 8명 중 5명은 연탄 공장이나 광산, 비석 공장 등에서 일한 경험이 있으나, 나머지 3명은 직업적 분진에 노출된 적이 전혀 없는 주민으로 드러났습니다. 그리고 노동부에서도 망우공장에서 근무하는 근로자들에 대해 진폐증 검사를 했는데, 검진 대상자 103명 중에 15명이 진폐증을 보이는 결과가 나왔습니다.

인의협, 서울시, 노동부가 각각 행한 역학조사를 바탕으로 조영래는 피고인 강원산업의 논리를 조목조목 반박했습니다. 먼저 원고인 박길래 씨를 포함하여 분진에 노출된 적이 없던 사람들도 진폐증에 걸린 점, 박 씨가 치료받은 병력이 기관지염, 기침감기 등의 간단한 것임에 불과한 점, 망우공장의 작업환경이 열악한 점, 망우공장 이외의 곳(예컨대 상봉시외버스터미널)에서 나오는 분진이나 매연은 석탄 분진과는 별개인 점 등을 들어, 원고의 진폐증이 망우공장에서 나오는 석탄 분진에 기인한다고 주장했습니다.

피고 측이 수인한도론(피해의 정도가 서로 참을 수 있는 정도인지)을 들어 공익성이 강한 회사에서 방출되는 일정량의 석탄 분진에 대해선 주민이 참아야 한다는 논리에 대해선, 기본권인 환경권을 이용해 공격했습니다.

환경권 인정의 여부는 위법성 결정의 잣대가 될 수 있었습니다. 종래에는 환경오염이 있더라도 수인한도를 넘는다고 판단될 때만 공해의 위법성을 인정하는 분위기였으나, 환경권을 인정하면 수인한도라는 개념을 허용치 않고 바로 환경을 오염시키는 행위 자체에 위법성을 부과할 수 있게 되는 것이었습니다. 조영래는 이런 점을 강조하는 한편, 기존의 수인한도론에 입각해서도 피고 회사의 망우 공장은 심각한 문제가 있음을 보였습니다. 또한 피고가 주장하는 방지시설이 공장의 분진이 날아가는 것을 방지하기에는 충분치 못함을 구체적으로 보여 미필적 고의가 있음을 주장했습니다.

조영래는 인간 생존권을 환경권과 연계하여 무분별한 산업정책과 개발행위에 대해 다음과 같이 일침을 가했습니다. "공해문제는 인간생존의 위기 문제로 인식되기에 이르렀고 국가의 모든 산업정책이나 개발행위에는 환경에 대한 영향을 최우선적으로 고려하기에 이르렀으며, 환경보전이 우선되어야 한다는 사고가 지배하기에 이르렀다. 환경보전 의무는 국가와 국민의 헌법상 의무인바, 일개 기업에 대한 고려로 인하여 위와 같은 헌법상 의무가 방기되어서는 안 될 것이다."

1989년 1월의 1심 판결에서 재판부는 사실관계를 하나하나 확인한 후, 인과관계, 고의과실, 위법성 세 가지 측면에서 원고 측의 손을 들어주었습니다.

결론

우리나라에서 민주화·근대화·산업화가 동시에 진행되던 1980년대에, 조영래 변호사는 재난의 원인을 밝히고 책임 소재를 가리는 일은 단순히 법적인 문제만도 아니고 과학기술의 문제만도 아님을 보여주었습니다. 법적 판단은 과학적·공학적·의학적 증거를 최대한 고려해야 하지만, 법정에서는 종종 이들 증거가 서로 상충되고 같은 증거라도 다르게 해석될 여지가 많습니다. 과학기술은 재난을 정의하고 해석하는 만병통치약이 아닙니다. 오히려 변화하고 있는 세상, 산업사회의 그늘에서 위험사회가 만들어지고 있음을 직시하는 것이 과학기술을 올바로 사용하고 법을 올바로 해석하는 길이 될 것입니다.

12

규제과학과 신기술

이두갑
서울대학교 과학사 및 과학철학 협동과정 교수

신기술과 혁신, 그리고 규제

1970년대에 유전공학이 처음 개발되었을 때 기술에 대한 장밋빛 기대가 있었지만, 한편으로는 그 위험성에 대한 우려 또한 나타났습니다. 이에 신기술이 가져올 이익을 최대화하고, 그 위험을 최소화하기 위한 적절한 규제 방식을 찾기 위해 규제과학이라는 분야가 등장하기 시작했습니다. 당시 유전자를 재조합하는 기술을 발전시킨 스탠퍼드대학의 연구자들은 특정 바이러스가 암을 일으킬 수 있는가를 규명하는 연구를 수행하고 있었습니다. 이들은 원숭이에 암을 발생시킬 수 있는 바이러스가 인간에게도 암을 유발하는지를 밝히기 위해 SV40라는 유전자를 다른 유전자와 재조합했습니다. 인간이 실험을 통해 최초로 다른 생물의 유전자를 조작하여 인공적으로 재조합한 이 실험은 유전공학의 출현을 알리는 실험이었습니다.

1970년대 초에 유전자 재조합 기술은 의학적·산업적·농업적으로 유용한 형질을 지닌 산물을 대량 생산할 수 있는 혁신적 기술로 부상하게 됩니다. 생물학자가 특허를 내는 일이 거의 없었던 당시, 스탠퍼드대학에서는 이 기술에 대한 특허를 출원하고자 했습니다. 그렇지만 일군의 생물학자들은 암 유발 바이러스와 같은 위험한 유전자를 재조합한 DNA가 실험실 외부로 유출될 경우 매우 위험할 수 있다며 경고했습니다. 그리고 이러한 기술에 대한 특허를 허용하면 이를 통해 이윤을 추구하는 일부 과학자들에 의해 잘못 사용될 위험이 더 확산될 것이라 우려하였습니다.

이 논의가 발단이 되어 유전자 재조합 실험들에 대한 규제가 시작되었습니다. 곧 미국 정부는 매우 위험한 유전공학 실험의 경우 실험의 실시 이전에 정부 위원회의 허가를 받을 것을 요구했습니다. 일부 과학자들은 규제가 심하다는 이유로 이러한 규제가 아직 미비했던 유럽이나 라틴아메리카로 가서 회사를 차리기도 했습니다.

이와 같이 1970년대 이후 생명과학 분야의 규제, 상업화와 관련된 다양한 논란들이 나타났고, 그 이후 현재에도 유전자 가위 기술에 이르기까지 다양한 생명공학 규제에 관한 논란이 지속되고 있습니다.

오른쪽의 두 사람은 생명공학에 투자하는 사적 자본이 풍부해 비교적 규제가 자유로운 캘리포니아에서 실험을 한 분들입니다. 생화학자 보이어Herbert Boyer와 벤처 자본가 스완슨Robert Swanson이 함께 제넨텍Genentech이라는, 유전자 재조합 기술 기반의 첫 생명공학 회사를 설립했지요.

제넨텍은 인슐린을 개발하는 프로젝트에 착수했습니다. 당시 1960년대 인종차별에 대한 반발과 이로 인한 경제적 불평등을 해소하고자 미국 정부는 흑인들에게 경제적인 기회를 주고자 여러 법들을 제정하고, 중소기업을 비롯한 소수자 지원 정책들을 수행했습니다. 그래서 이때 흑인들이 많이 창업을 했는데, 이들은 주로 맥도날드, KFC 같은 프랜차이즈 식당들을 개업했습니다.

불행히도 이러한 패스트푸드 사업의 활황으로 미국 내 당뇨병 환자의 수가 급격하게 증가했습니다. 이들 당뇨병 환자들은 인슐린을 통해 그 증상을 관리해야 했는데, 1970년대 당시까지도 인슐린은 돼지에서 뽑아내야 하는 것이어서 급격히 증가한 당뇨병 환자들에게 이를 다 공급하기 힘들 것이라는 예측이 나왔습니다. 이에 제넨텍은 유전자 재조합 기술을 통해 인슐린을 대량 생산하는 프로젝트를 시

허버트 보이어

로버트 스완슨

작했고, 곧 유전자를 재조합해 대량 생산으로 인슐린 약을 만들게 되면서 엄청난 성공을 거두게 됩니다.

제넨텍의 이러한 성공은 과학기술적 혁신과 규제를 고려한 사업 전략에 기인했다고 할 수 있습니다. 앞서 지적했듯이 1970년대 유전공학 실험에 대한 규제가 나타나고, 이들 실험을 위해 정부의 허가가 필요한 경우가 점차 늘어났습니다. 하지만 이러한 정부의 규제는 연방정부의 지원을 받은 실험들에 국한된 것이었기에, 제넨텍은 벤처 자본을 끌어들여 여러 규제로부터 다소 자유롭게 실험을 수행할 수 있었습니다.

인간 유전자에 대한 조작과 특허를 허용하지 않았던 당시, 제넨텍의 과학자들은 인공으로 인슐린 생산 유전자를 합성해 이에 대한 특허를 인정받는 전략을 택해 인슐린 사업의 수익성 또한 강화하였습니다. 물론 제넨텍과 경쟁 관계에 있는 일부 과학자들과 생명공학 회사들은 제넨텍이 강력한 규제를 벗어나기 위해 미리 실험을 하고, 후에 성공 사례들을 허가받았다는 의구심을 가지고 있었고, 일부 실험들에 대해서는 정부의 조사를 요구할 정도였습니다.

이처럼 당시 생명공학계를 시작으로 점차 첨단 산업들은 현재와 같이 혁신과 경쟁, 법과 규제가 점차 복잡하게 얽히게 된 환경에서 사업을 수행하게 됩니다. 이에 특히 생명공학계는 자신들의 혁신과 성공을 추구하는 데 유인을 제공하는 방식으로 법과 규제를 변화시키려 노력하게 됩니다. 그 대표적인 것이 바로 1970년대 말 과학 지식의 사유화라고 할 수 있습니다. 미 정부와 과학계는 공공 자금으로 지원된 과학 지식의 공적 소유를 추구했지만, 제넨텍과 유전자 재조합 특허의 성공을 계기로 지식을 사유화하고 이를 통해 이를 상업화하는 유인을 제공하는 것이 더 좋은 혁신을 낳을 수 있다는 생각이 확산됩니다.

이에 1980년 바이-돌 법Bayh-Dole Act를 제정해 공공자금을 통해 나타난 발명을 개인 연구자와 대학의 사적 소유가 가능할 수 있도록 합니다. 이와 함께 유전공학의 산물들과 세포들 등 다양한 생명공학 기술의 산물들을 사적으로 소유할 수 있도록 특허의 범주 또한 확장됩니다.

이처럼 지식의 사유화에 대한 요구는 당시 부상했던 신자유주의와도 맞물리는 생각이었고, 이로 인해 기업과 대학은 큰 수익을 얻기도 했습니다. 일례로 인슐린과 같이 연구 결과의 상업화가 성공하면 특허 기술의 연구자, 대학, 연구자의 단과대가 3분의 1씩 돈을 나눠 갖게 되기 때문에 큰돈을 벌게 됩니다. 이에 인슐린 개발로 유전자 재조합 기술의 특허를 가지고 있었던 스탠퍼드대와 캘리포니아대는 막대한 수익을 얻었습니다. 지금도 스탠퍼드의 컴퓨터공학과 출신들이 특허를 출원해 설립한 구글 같은 스타트업 회사들로 스탠퍼드는 큰 수입을 얻고 있습니다.

이처럼 1980년대 들어 미국에서는 공공 기금 기반의 특허를 사적으로 소유할 수 있게 되고, 특허의 범주 또한 확장되었습니다. 동시에 생명공학 회사들은 이들 관련 기술들에 대한 규제를 점차 완화할 필요가 있다고 주장하게 되고, 많은 경우 이를 관철하게 되었습니다. 이에 미국은 생명공학 산업의 성장과 더불어 유전공학 기반 신약의 개발, 그리고 유전자 조작 식품과 산물들이 가장 활발하게 나타나고 소비되며, 이를 전 세계로 수출하면서 큰 경제적 이득을 얻고 있습니다. 이 사례를 들어 첨단 기업들과 몇몇 학자들은 규제의 완화가 신기술에 기반한 혁신을 통해 성장하고 있는 첨단 산업의 성공을 위해 필요한 것처럼 주장하기도 합니다.

규제는 곧 실패? 규제과학의 중요성?

1980년대 이후 첨단 산업의 옹호자들과 규제 완화자들은 규제를 사회적 차원에서의 실패를 뜻하는 단어로 만드는 데 성공했습니다. 이는 단순히 규제가 혁신을 방해하기 때문만은 아니었습니다. 이들은 공공의 안전과 이익을 위해 규제가 나타났지만, 실제로는 기업과 권력을 가진 이들이 결탁하여 규제를 자신들이 원하는 방향으로 강화하거나 완화하며 영향력을 행사하는 것을 가능하게 했다고 비판합니다. 결국 규제는 정치적·경제적 영향력을 행사하는 이들이 조정할 수 있는 것이 되어 규제 자체가 경쟁을 저해하고, 특정한 이들의 이익에 봉사할 뿐이라 주장했습니다.

게다가 1980년대 나타난 신기술과 관련된 규제는 기술적이고 정치적인 논의의 일부로 인식되었습니다. 그럴수록 일반 사람들에게 규제라는 것은 접근이 어렵고 지루한 문제라고 간주되어, 점차 전문가들에 의해서만 규제의 제정과 완화가 이루어지게 됩니다. 즉, 규제의 목표였던 공공의 이익과 안전에 때한 중대한 결정 과정이 점차 민주적인 절차와 감시로부터 멀어지게 되었습니다. 그렇다면 신기술과 혁신의 시대, 규제과학의 중요성은 점차 사라지고 있는 것일까요?

사회적 규제와 규제과학

규제과학의 역사는 규제의 중요성, 특히 신기술 관련 위험과 이익의 균형을 추구하는 공적 이성public reason 추구의 기반으로서 규제과학의 중요성과 그 의의를 되돌아보게 할 수 있습니다. 사실 처음 미국에서 규제는 경제적 독점이라는 문제를 해결하기 위해 나타났습니다. 철도, 주식시장, 항공 관련 사업에서 경제적 효율성과 공공의 이익 중 무엇이 중요한지 평가하고, 어떤 것을 중시할 것이냐에 맞춰서 규제를 만들었던 것입니다.

1960~70년대를 지나면서는 사회적 규제social regulation라 불리는 새로운 규제가 등장합니다. 이는 급격히 발전한 과학기술과 관련된 위험과 밀접히 관련되어 있습니다. 앞 장에서 이야기했듯이, 울리히 벡을 비롯한 사회학자들은 제2차 세계대전 이후 원자력의 발전, 신약, 환경오염, 유전공학 등의 발전으로 그 이득만큼이나 위험이 증대되었다며 현재의 우리 사회를 '위험사회'라고 규정하기도 합니다. 이에 신기술과 관련된 위험들을 어떻게 해결할지에 대한 고민들이 증대했고, 이 과정에서 새로운 위험들을 규제하는 기관들의 권한이 증대하고, 또 새로운 규제 기관들이 등장하기 시작했습니다. 1960년대 이후 미국 식품의약국의 권한이 급격히 확장되었고, 환경보호청EPA, 직업안전위생관리국OSHA 등 사회에 위험을 가져오는 새로운 제

품, 기술들을 관리하는 기관들도 설립되었습니다.

신기술로 인한 이득과 위험 사이의 균형을 추구하는 결정 과정의 기반을 마련해주는 전문적·규제적·법적 지식의 결합체로서의 규제과학도 이러한 사회적 요구에서 나타나게 됩니다. 즉 규제과학은 사회의 위험을 줄이고, 신기술로 인한 이득을 극대화하기 위해서는 전문적인 지식이 필요하다는 점 때문에 만들어진 것입니다. 1960년대 이후 화학 및 약품 제조, 정유, 원자력을 통한 전력생산 등 환경오염과 사회에 위험을 가져오는 기업 활동에 대한 정부의 규제가 강화되면서, 이 기술을 어떻게 규제하는 것이 신기술 혁신으로 인한 이득과 위험의 균형을 최적화할지를 결정하는 근거가 필요했기 때문입니다. 정부는 산업체에 규제의 근거를 제공해야 했고, 산업체는 그 나름대로 규제의 비과학성과 비용 증대를 비판하며 규제에 반발했기 때문입니다. 이에 정부와 산업이 규제과학에 동시에 큰 투자를 하며, 신기술로 얻는 이득을 극대화하고 그 위험을 최소화하는 과학기술적·법적 방안들을 고안하기 시작합니다.

이렇게 1960~70년대 이후 급격히 발전한 규제과학은 순수과학과는 다르게 환경적 가치를 추구하고 소비자 위험을 최소화하는 커다란 사회적인 정책을 구현하기 위한 학문이기도 합니다. 순수과학이 새로운 진리를 발견하는 것이라면, 규제과학은 사회적 정책을 구현하기 위한 것으로, 중립적이고 객관적인 차원의 과학과는 그 목적에 있어 다른 활동이라 할 수 있습니다.

사전예방 규제원칙의 등장

미국에서 나타난 사전예방 규제원칙의 등장을 좀 더 논의해보면서 규제과학의 등장과 그 중요성에 대해 살펴보겠습니다. 1950년대까지 미국 사회에서는 과학에 대한 낙관론이 굉장했기 때문에, 새로운 물질이 개발되면 그것이 우리의 삶을 증진시킬 뿐만 아니라 안전할 것이라고 인식했습니다. 그래서 당시 살충제인 DDT 광고를 보면, 이를 아기의 방에 뿌리라는 선전까지 볼 수 있습니다. 환경오염에 대한 규제도 없어 산업공해가 심했고, 신약의 안전성에 대한 믿음과 규제 미비로 탈리도마이드 재앙이라고 부르는 사건도 있었습니다. 탈리도마이드는 1950년대 후반부터 1960년대까지 임산부들의 입덧 방지용으로 개발된 약이었는데, 이 약을 먹고 아이를 낳아 발달 장애가 발생하는 등 큰 부작용이 있었습니다. 1962년, 생물학자 레이첼 카슨Rachel Carson은 《침묵의 봄》이라는 책을 통해서 DDT의 사용에 문제를 제기했습니다.

1960년대 이러한 비극적 사건들을 계기로 미국 사회에서는, 환경 전반에 유해물질들이 수십 년 동안 쌓여왔고, 이 때문에 인간의 건강이 위협받고 있다는 화학산업에 대한 전면적인 비판과 함께 규제과학 연구가 필요하다는 주장들이 등장했습니다. 이에 많은 과학자들이 '가장 이로운 화학물질조차 위험할 수 있다'는 모토로 새로운 화학물질, 신약과 신기술들의 위험과 이득을 정확하게 계산하기 위해 규제과학 분야를 발전시키기 시작했습니다.

이와 관련되어 특히 1960년대 이후 규제과학의 필요성이 대두된 배경에는 위험을 인식하고 평가하는 기준의 커다란 사회적 변화가 있습니다. 이전에는 실제 해harm를 가한 기술에 대한 사후적 소송과 규제를 실시했다면, 그 위험을 사전에 파악하기 힘든 신기술의 경우 그 위험 자체에 대한 규제보다는 위험 가능성risk에 초점을 맞추고 규제를 하는 것이 사회적 위험을 최소화하는 것이라는 인식이 자라나기 시작했습니다. 원자력과 새로운 화학물질들, 신약과 같은 새로운 기술의 위험성이 나중에 나타났을 때, 그 해가 너무나 크고 광범위할 수 있기 때문이었습니다. 그래서 원래는 실제적으로 해를 입었을 때만 규제를 할 수 있었는데, 위험의 가능성만 있어도 규제를 할 수 있게 바뀌었습니다.

특히 1976년 환경보호청과 관련된 소송에서 공중보건을 위태롭게 할 경우 사전예방 원칙에 따라 규제가 가능하다는 법원의 최종 판결이 있었습니다. 이처럼 미국의 규제기관은 실제로 피해를 입지 않아도 규제를 할 수 있었습니다. 사전예방이라는 것이 이제 규제의 새로운 원칙으로 자리잡았는데, 이는 무엇보다 미래의 위험 가능성을 평가한 것에 기반해서 신기술을 규제하는 것이 신기술의 위험과 이익의 최적점을 찾는데 중요한 원칙으로 자리잡은 미국 규제과학의 모습을 보여주는 것이라 할 수 있습니다.

규제과학의 성장과 정치경제학

규제과학의 성장이 있을 수 있었던 또 다른 사건은 이처럼 사전예방 규제가 시행되면서였습니다. 원자력, 신화학물질과 신약, 유전공학과 같은 신기술들의 과학적 불확실성과 위험성이 크기 때문에 사전예방 규제의 중요성이 대두되기 시작했으며, 이에 위험을 어떻게 평가할지에 대한 요구가 커졌기 때문입니다. 이러한 맥락에서 다양한 방식으로 신기술의 위험을 평가하는 규제과학이 성장하게 되었던 것입니다.

정부의 규제과학 연구가 활발히 이루어지다 보니, 기업들은 사전예방 규제를 가능하게 하는 위험 평가에 대한 결론들에 반박하기 시작합니다. 규제의 대상이 된 기업들은 정부기관들이 과학적 증거를 어떤 식으로 사용해서 위험을 평가했는지에 대한 지식과 연구들에 대한 공개를 요구하기도 했습니다. 그래서 이제는 미국 환경보호청은 규제를 제정하면서 관련된 규제과학적 지식, 데이터를 공개하게 되어 있습니다. 규제를 하는 입장에서는 훨씬 더 부담스러운 입장이 된 것입니다.

의도한 것은 아니었지만, 규제과학의 성장으로 위험 평가와 이에 기반한 규제의 과학기술적·법적 정당성에 대한 평가가 법원에서 이루어지기도 하였습니다. 이는 산업체에게 정부가 만든 규제의 과학적 근거에 도전하며 소송을 제기했기 때문인데, 이에 대해 법원이 판단을 내려야 했기 때문입니다. 미국 법원은 1970년대부터 규제과학에 기반한 위험 평가에 대해 판단을 내리기 시작했습니다. 이때 법원은 많은 경우 규제과학적인 판단이 무엇보다 공공의 이익과 안전이라는 정책적 판단을 구현하기 위한 목적으로 나타난 것이라는 점을 우선적으로 인정해야 한다는 입장을 취했습니다. 이에 규제과학적 판단이 많은 경우 신기술에 관한 것이기에 불확실성을 수반할 수밖에 없으며, 이에 대해서 객관적이고 과학적인 근거만을 들어 규제의 정당성을 판단할 수 없다는 것입니다.

즉 1970년대 내내 미국 법원은, 규제 관련 결정은 공공의 이익과 안전에 대한 규제에 피해에 대한 결정적이 아닌 암시적 증거에 근거를 둘 수 있으며, 이에 전문가들의 전폭적인 지지를 받지 않아도 그 규제가 타당한 것으로 받아들여질 수 있다고 판단했습니다. 이에 1970년대 미국의 규제기관은 전문가 의견이 불일치해도 특정 규제 과학적 판단과 환경보존과 대중의 안전이라는 정책 선택에 기반해서 광범위한 규제들을 제정할 수 있었습니다.

그렇지만 1980년대 이후 여러 산업체들은 이러한 규제 확장에 강하게 반발하기 시작했습니다. 이들은 규제기관의 규제과학 모델들이 위험을 과대평가하고, 그 비용을 기업과 소비자들에게 전가하고 있다고 강하게 비판하게 됩니다.

산업체들은 정부의 여러 규제기관들이 제정한 규제들의 과학적 근거들에 대한 비판의 일환으로, 규제의 무효화를 요구하는 법정 소송을 광범위하게 제기하기 시작했습니다. 그리고 그 과정에서 규제과학의 객관성과 그 방법론적 적합성에 대해 비판을 제기했습니다. 일례로 이들은 화학물질 위험에 대한 동물 실험에 있어, 투약 기간이나 농도의 사용에 관한 문제에서부터 이 결과의 인간에의 적용, 수학적 모델에 대한 광범위한 비판을 제기하였습니다. 이러한 움직임은 신자유주의와 규제 완화를 그 기치로 내걸었던 레이건 행정부의 등장으로 큰 힘을 얻었습니다.

1980년대 이후 규제 비판 활동의 성장과 함께, 규제과학의 객관성과 중립성에 대한 도전을 위해 산업체들의 규제과학 활동 또한 급격하게 성장했습니다. 여러 화학, 제약, 그 외 신기술을 개발하는 산업체들은 내부에서 규제과학을 담당하는 기관과 인력을 채용하여 정부가 아니라 기업의 입장에서 신기술과 제품의 이익과 위험을 평가하는 연구 활동을 수행하기 시작했습니다. 이에 1980년대 세금으로 운영되는 국가 규제기관들의 규제과학 활동보다 거대 다국적 기업들이 수행하는 규제과학 활동이 그 비용과 규모 면에서 훨씬 더 큰 성장을 하게 되며, 규제과학 수행에서의 비대칭이 나타나게 됩니다.

이를 규제과학의 정치경제학이라 부를 수 있는데, 가장 오래되고 큰 규모로 연구를 수행한 사례로는 미국의 담배회사들이 있습니다. 미국의 담배회사들은 흡연의 유해성에 대한 과학적 증거들이 활발하게 논의된 1960년대 이후 담배 연구소를 설립하고, 변호사들의 지휘 아래 흡연의 유해성을 반박하는 다양한 연구들을 지원해왔습니다. 이들 기업들은 결과를 조작해서 유리한 쪽으로 결과를 내기보다는, 호흡기 질환 등이 담배가 아니라 대기오염 때문이라고 말할 수 있도록 다른 연구에 지원하는 전략을 썼습니다. 대기오염과 폐암의 연관 관계에 대한 연구나 바이러스에 의한 암 유발 연구 등이 그것이라고 할 수 있습니다. 나중에 담배회사의 내부 문건이 폭로되었는데, 담배 연기가 발암물질이라는 합의가 모아졌음에도 발표되지 않았던 사건 등이 드러나기도 했습니다.

가깝게는 기업의 지원을 받아 가습기 살균제의 안전성을 연구했던 우리나라 대학의 연구자들 역시 규제과학적 지식 생산에 있어서의 객관성을 의심받게 할 수 있는 경우였다고 할 수 있습니다. 대기오염 규제에 동원되는 규제과학적 모델들 또한 자동차 제조사, 에너지사, 혹은 규제기관들에 의해 어떠한 방식으로 발전되고 사용되고 있는지 살펴볼 필요가 있습니다. 또한 정보통신 사업자들의 후원 하에 연구되는 정보통신기술, 프라이버시에 관한 규제과학 역시 이러한 문제들을 살펴봐야 할 것입니다. 규제과학의 정치경제학은 무엇보다 누가, 어떻게, 어떠한 목적으로, 누구의 지원을 받아 수행하는가의 문제가 다른 과학보다 첨예하게 논의되어야 한다는 점을 보여줍니다.

규제과학의 특징과 그 중요성

새로운 화학물질, 신약, 신기술 등의 부작용을 크게 경험했던 우리나라에서도 규제과학의 중요성에 대한 인식이 점차 커지고 있습니다. 실제 가습기 살균제와 관련된 규제와 소송에 있어서 이의 중요성에 대한 논의가 그 중요한 한 예라고 할 수 있습니다. 이러한 비극들을 막기 위해, 규제과학의 특성과 그 중요성에 대해 간략히 살펴볼 필요가 있습니다.

무엇보다 연구(순수)과학과 규제과학의 차이를 인식할 필요가 있습니다. 연구과학은 진리를 찾는 학문임에 반해서 규제과학은 확실한 목적이 있는 과학입니다. 또 규제과학은 규제나 법적인 것들을 충족하기 위한 방식으로 이용되지만, 연구과학은 과학자로서 명성을 쌓기 위해 연구가 이루어집니다. 보통 과학을 할 때는 프로젝트 기간이 길지만, 규제과학은 규제나 법적 결정을 정해진 기간 내에, 효율적으로 해야 하기 때문에 결론의 도출에 정해진 기한이 있습니다. 규제과학은 소송, 규제를 위해서 다양한 위험을 평가하고, 이러한 위험을 최소화하고 그 위험으로 손해를 본 사람들에 대한 책임을 누구한테 있는지를 판별할 때 사용되는 과학입니다.

미래의 규제과학에 가장 큰 위협이 되는 요소로는, 대부분의 기업이 큰 자원들을 가지고 있고 신기술에 대한 접근이 쉽기 때문에 나타나는 (위험에 대한) 정보의 비대칭이 있습니다. 게다가 규제의 주체인 정부가 시행한 위험에 대한 연구는 공개되지만, 규제의 대상인 산업체에서 시행한 연구들은 대부분 공개되지 않습니다. 기업, 정부, 시민사회 간에 정보 비대칭이 발생할 우려가 있는 것입니다.

이러한 구조적 조건은 관련 규제가 미비하거나 신기술로 인한 피해배상을 요구하는 소송의 경우에 문제가 됩니다. 환경단체나 공익소송을 추진하는 분들이 관련 증거를 모으거나 과학적인 증거를 기반으로 소송을 진행하기가 매우 어려워지기 때문입니다. 반면 기업들은 자본의 힘으로 더 정교한 반박 자료를 내놓을 수 있습니다. 이렇듯 규제과학을 형성하기 위한 자원이 불평등하게 포진해 있을수록 규제가 실패로 이어지고, 그 피해가 시민들에게 광범위하게 나타날 수 있습니다.

규제과학이 그 역할을 적절히 수행하기 위해서 다음과 같은 것들이 고려되어야 합니다. 첫 번째로 신기술은 공공의 이익을 위해서 이익, 비용의 균형을 맞춰 사용되어야 하고, 이를 위해서는 공적 이성을 추구할 수 있는 규제과학에의 투자와 관련 절차의 정비가 필요할 것입니다. 주식시장에서 투자의 투명성을 위해서 기업의 정보를 제공하는 것처럼, 규제과학에서도 정보 공개, 즉 규제과학의 후원자에 대한 정보 공개가 투명하게 이루어져야 합니다. 두 번째로, 규제과학의 정치경제학, 즉 공적 영역에서 규제과학에 적극적 투자를 해서 사적 기업과 대적할 만한 수준으로 끌어올려야 할 필요가 있습니다.

13

과학기술정책의 맥락과 기초

박상욱
서울대학교 지구환경과학부 교수

과학기술정책이란

과학기술정책이란 과학기술과 관련된 활동에 개입하는 정부의 활동을 통틀어 말합니다. 정부는 여러 형태로 과학기술에 개입하는데, 그중 가장 비중이 큰 것은 정부 예산으로 연구개발Research & Development을 직접 지원하고, 각종 제도를 통해 민간의 연구개발을 진흥하는 일입니다. 정부는 과학기술 지식의 주요 생산자입니다. 국공립 연구소 또는 정부 출연 연구소를 통해 지식을 직접 생산하기도 하고, 대학에 연구비를 제공함으로써 지식의 생산을 위탁하기도 합니다. 민간 기업에서 이루어지는 지식 생산과 이용에도 정부가 깊이 관여하고 있습니다.

정부는 왜 과학기술에 개입할까요? 정부와 그 주인인 국민들이,

과학기술이 발전하면 사회적으로 여러 측면에서는 물론이고 특히 경제에 도움이 된다고 믿기 때문입니다. 경제학자들은 지난 수십 년간 연구개발이 경제성장에 어떻게 기여하는지 밝혀내려고 노력해왔습니다. 공공의 한정된 자원을 과학기술에 투입하는 일에 대한 정당화가 필요했기 때문입니다. 하지만 막연하거나 간접적인 근거 외에 뚜렷한 증거를 찾아내는 데에 애를 먹었습니다. 주류 경제학계에서 사용되는 기존의 성장이론으로는 과학기술 연구개발의 기여를 설명할 수 없었습니다. 2018년에 '내생적 성장이론'으로 노벨 경제학상을 수상한 폴 로머Paul Romer에 의해 제한적으로나마 연구개발을 경제성장과 연결할 수 있었습니다.

정교한 경제성장 모형보다는 소위 '국가 경쟁력'이라는 말이 국민을 설득하는 데에 훨씬 유용합니다. 실제로 시장에서 경쟁하는 것은 제품과 서비스, 그리고 그것을 제공하는 기업들이지만, 자국 기업의 성과는 국가 경제에서 큰 부분을 차지합니다. 우리나라 국민들이 삼성전자와 현대자동차 같은 대기업들을 때론 미워하면서도 세계시장에서의 선전을 응원하는 것은, 그 기업들이 우리나라를 대표해 세계시장에서 경쟁하고 있기 때문입니다.

세계시장에서의 경쟁력은 (산업 종류에 따라 다르지만) 기술 진보에 의해 좌우됩니다. 따라서 국민들은 자국의 산업계를 위한 기술 개발에—정부의 연구개발 지출을 통해—세금이 쓰이는 것을 전반적으로 그리고 포괄적으로 찬성합니다. 일견 직접적인 산업 지원 효과가 미미한 것으로 보이는 기초과학 연구의 경우도, 일국의 과학기술 기초

체력이라던가 미래 대비, 산업계를 위한 일반 연구 인력 양성이라는 논리에 크게 의존하고 있으며, 이 역시 국민들의 지지를 받고 있습니다. 이러한 포괄적인 지지를 '과학에 대한 사회적 계약론'이라 부릅니다. 국민들의 과학기술에 대한 긍정적 인식, 과학기술인들에 대한 신뢰 없이는 불가능한 일입니다. 2018년 정부 예산 중 연구개발에 쓰인 돈이 19조 6천억 원이었고, 2019년에는 20조 원이 넘습니다.

과학기술정책 분야의 특이한 성격 중 하나는 이념적인 논쟁, 즉 진보-보수 사이의 다툼이 없다는 것입니다. 진보-보수의 줄다리기가 심한 곳이 있다면 복지와 세금 분야입니다. 진보는 늘리려 하고, 보수는 줄이려 합니다. 그러나 과학기술은 진보와 보수의 진영논리가 작동하지 않고, 입장의 차이가 거의 없습니다. 굳이 찾자면 보수는 거대과학(입자가속기, 우주 개발 등 많은 인원과 조직, 예산이 들어가는 대규모의 연구)에 상대적으로 우호적이고 수월성秀越性 중심의 자원 투입을 선호합니다. 이에 반해 진보는 연구비의 고른 배분, 신진 연구 인력의 문제 그리고 과학기술과 사회의 관계에 대한 관심이 상대적으로 높습니다.

과학기술정책의 기본 개념

과학기술정책을 이야기하는 데 필수적인 세 가지로 과학Science, 기술Technology, 혁신Innovation이 있습니다. 각기 다른 개념이지만 서로 떼어서 다룰 수 없는 데다 모두 정부 정책의 대상 영역이므로 과학기술정책학계에서는 STI로 줄여 부르기도 합니다.

과학은 일반적으로 자연과학을 지칭하며 호기심으로부터 비롯된 특별한 목적이 없는 지적 활동을 말합니다. 그러나 현대의 과학은 상당 부분 응용과학화되어, 이제 사전적인 의미의 순수과학을 연구하는 사람은 많지 않습니다.

예를 들어 과거의 생물학이 분자생물학으로 이어졌고 여기에 생화학, 의·약학, 물리학 등이 융합되어 지금의 생명과학이 되었습니다. 과장을 조금 보태면 생명과학 연구자의 절반은 암을 연구합니다. 전체 사망 원인 중 암에 의한 비율은 5퍼센트가 안 되지만, 많은 사람들이 암을 두려워하고 과학의 힘으로 암을 정복하기를 희망하기 때문에 암 연구에 대한 사회적 수요는 큽니다.

연구비 배분 시 가장 중요한 영향 요인 중 하나가 '사람들이 무엇을 원하느냐'입니다. 과학도 대중의 관심을 먹고 사는 것입니다. 즉, 돈이 되는 분야는 관심이 높습니다. 그렇다면 당장 돈이 안 되는 순수과학은 어떨까요? 천문학(우주과학)을 예로 들면, 사람들이 우주를 동경하고 '나'란 존재의 뿌리가 어디인지 알고 싶어 하는 근본적인 호기심이 있기 때문에 인기가 있습니다. 우주를 배경으로 하는 공상과학 영화가 인기 있는 것과 비슷합니다. 실제로 우주 영화가 흥행하면 천문학에 대한 대중의 관심이 함께 증가합니다.

자연과학의 여러 분야 중 하나인 지구환경과학도 응용과학화되었습니다. 과학이 응용과학화되면서 과학에 목적이 생기게 됐습니다. 이 중 대기과학은 날씨를 연구하고, 지질학은 화산 폭발과 지진을 예측합니다. 전 지구적인 기후변화 문제는 지구환경과학 분야의 연구비를 크게 증가시키고 있습니다. 지금은 갈릴레오와 뉴턴의 시대가 아닙니다. 왜 연구하는지, 무엇에 쓸모가 있는 연구인지가 중요해졌습니다. 연구에 탐구 이외의 목적이 있다는 것은 기술의 가장 큰 특징입니다. 기술은 과학적 지식을 응용해서 상업적 인공물에 적용(상업화)하는 것을 목적으로 합니다. 그런데 과학이 응용과학화되면서 기술과의 경계가 흐려지고 있습니다. 공과대학과 물리학과에서의 연구가 닮아가는 것입니다.

복잡한 문제를 최대한 단순화해서 다루려는 성향이 강한 정부의 관점, 즉 정책 입안 차원에서 과학과 기술의 차이는 미묘한 정도에 그칠 것입니다. 그 한 가지 예로 과학정책과 기술정책, 과학부와 기술부 이런 식으로 분리하지 않고 과학기술정책 또는 과학기술부라고 붙여 쓰는 것이 있습니다.

혁신이란 새로운 생각을 상용화하는 것을 뜻합니다. 혁신은 과학기술 분야에만 한정된 것이 아닙니다. 우버나 에어비앤비처럼 공유경제라는 신조어를 만든 새로운 서비스들, 업무를 더 효율적으로 처리하는 조직구조나 제도도 혁신의 예가 될 수 있습니다. 발명과 혁신은 매우 다릅니다. 발명을 했어도 상용화로 이어지지 않으면 혁신이라고 할 수 없습니다. 스티브 잡스는 발명가라기보다 혁신가입니다. 애플의 제품 중 그가 발명한 것은 없습니다. 혁신가는 발명을 채용하거나 새로운 시도를 실천합니다. 혁신에는 위험을 무릅쓰는 자세가 반드시 전제되어야 하므로, 경제학자인 슘페터는 일찍이 혁신에 있어서 기업가의 역할entrepreneurship을 강조했습니다.

혁신은 과학기술 지식을 경제적 성과로 연결하는 활동입니다. 어떤 나라가 아무리 과학기술이 발달하여 노벨상 수상자를 배출하고 국제특허를 양산하더라도, 혁신을 일으키는 기업이 없다면 국가적으로 부유해질 수 없습니다. 정부가 과학기술인을 돕고 연구개발에 세금을 써도 혁신이 없으면 정부가 원하는 경제적 성과를 얻을 수 없다는 뜻입니다. 과학기술 연구개발의 의의가 경제적 성과에만 있는 것은 결코 아닙니다. 하지만 경제적 성과에 대한 기대를 무시하면 정부의 연구개발 지출을 정당화하기 어렵습니다. 따라서 정부는 혁신도 과학기술만큼 중요시할 수밖에 없습니다.

20세기 후반부터 과학기술정책이 과학기술혁신정책으로 확장되었습니다. 국내에서 과학기술을 담당하는 부처는 과학기술정보통신부(과기정통부)인데, 과거의 과학기술부와 정보통신부가 한 지붕 아래 있어서 붙여진 이름입니다. 과기정통부 안에는 차관급을 장으로 과학기술혁신본부라는 조직이 있습니다.

이제 과학기술정책은 과학, 기술, 그리고 혁신에 대한 정부 정책이라고 할 수 있습니다. 더 넓은 의미의 과학기술정책은 산업통상자원부, 보건복지부, 국방부, 환경부 등 여러 부처에서 수행하는 각종 연구개발 사업과 교육부에서 관장하는 이공계 교육 및 대학의 학술연구까지를 그 범위로 합니다.

연구개발 활동의 유형

정부는 일정한 분류에 따라 과학기술정책 예산을 배분하는데, 아래의 파스퇴르 사분면이 그 기준이 됩니다. 표의 세로축은 해당 연구가 '근본적 지식 탐구인지'를, 가로축은 '(상업적) 이용을 고려한 것인지'를 묻습니다. 근본적인 탐구도 아니고 상업적 이용을 고려한 것도 아닌 활동은 검토 범위 밖입니다.

이용을 목적으로 하지 않고 근본적 지식에 대한 탐구인 경우 순수기초연구라고 합니다. 가령 유럽입자물리연구소CERN에서 이루어지는 입자물리학 연구는 순수기초연구의 사례입니다. 언젠가는 이를 통한 지식을 이용한 미래기술이 등장할 수도 있습니다. 하지만 지금은 연구자가 특정한 응용을 염두에 두고 있지 않고, 연구비를 지원하는 기관도 그러하다면 순수기초연구로 분류됩니다. 순수기초연구의 경우—순수기초연구자와 순수응용연구자를 막론하고—과학자 커뮤니티가 지속적인 지원을 요구하기에 실제로 연구 단계와 개발에 상당한 정부 지원이 이루어지고 있습니다.

순수기초연구 (유럽입자물리연구소)	응용기초연구 (파스퇴르)
	순수응용연구 (에디슨)

파스퇴르 사분면

~~순수응용연구~~는 지식 증진이 아닌 실용적 이용만을 목적으로 하는 연구를 지칭합니다. 대표적인 예로는 에디슨의 연구가 있습니다. ~~순수응용연구~~는 엄밀한 과학 이론에 기반을 두지 않더라도 상관없으며 어떤 학제에 얽매일 필요도 없습니다. 연구의 결과물은 논문이 아니라 기술입니다. ~~순수응용연구~~는 개발과 구분하기 어렵습니다.

~~순수응용연구~~와 개발 모두 대학보다는 기업에서 이루어집니다. ~~순수응용연구~~나 개발은 민간 영역에서 시장논리에 따라 이루어지므로 정부가 개입할 필요성은 상대적으로 낮지만, 현실에서는 시장실패론과 자국 기업의 국제 경쟁력 확보를 지원한다는 명분으로 산업 담당 부처에 의해 재원이 투입되고 있습니다.

두 기준을 모두 충족하는 것을 응용기초연구라고 합니다. 국내에서는 '목적기초연구'라는 표현을 사용합니다. 대부분의 바이오·헬스(생명과학) 분야 연구는 여기에 속합니다. 대표적인 역사적 사례는 파스퇴르의 연구입니다. 파스퇴르는 미생물학의 기초를 닦았을 뿐 아니라 질병의 원인이 되는 세균을 밝히고, 발효와 부패에서의 미생물의 역할을 규명하고 살균법을 개발했습니다. 파스퇴르의 연구는 생명현상에 대한 근본적 지식을 함양했을 뿐 아니라 매우 유용했습니다. 목적기초연구는 정부의 관점에서 볼 때 가장 바람직한 연구에 해당할 것입니다. 유용성이 크므로 공공 자원의 투입이 인정되고 산업경제적·사회적 파급 효과도 크기 때문입니다

연구개발의 선형모형과 20세기 과학기술정책의 흐름

연구개발의 선형모형은 연구개발의 단계를 선후 관계로 구분한 것입니다. 미국 국립과학재단NSF이 처음으로 채택했고, OECD가 채택하여 사실상 전 세계적으로 사용되고 있습니다. 선형모형은 파스퇴르 사분면과 함께 정부의 연구비 지원에서 표준이 됩니다. 선형모형은 연구개발을 기초연구, 응용, 개발의 3단계로 나눕니다. 1990년대에 국가혁신시스템 관점이 선형모형의 한계인 지나친 단순함과 일방향성을 지적하면서 과학기술혁신정책의 이론적 틀이 되었지만, 선형모형은 오히려 그 단순함 덕분인지 긴 생명력을 유지하고 있습니다.

서구 자본주의, 시장경제 체제에서 과학기술에 대한 정부의 체계적인 개입이 시작된 것은 제2차 세계대전 이후입니다. 전쟁을 겪으며 각국은 과학기술이야말로 국력의 원천이라는 인식을 갖게 되었고, 미국 정부에서는 1945년 당시 과학기술연구개발국OSRD의 총책임자였던 버니바 부시가 기념비적인 보고서를 작성했습니다. 이 보고서에서는 과학기술 연구개발에 대한 지원을 국가의 책무라고 강조했습니다. 국가의 연구개발 지원이 자유시장경제와 맞지 않는다

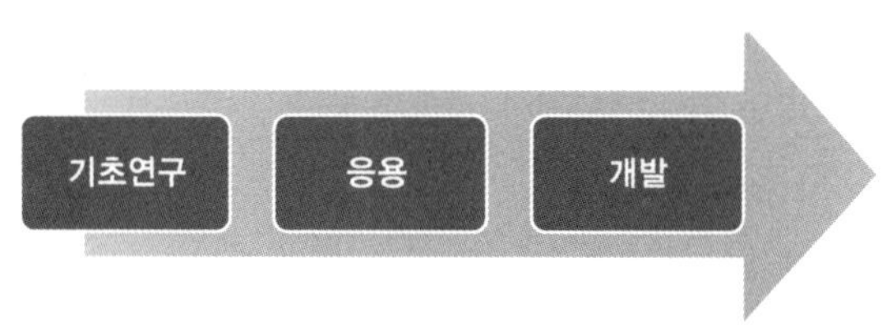

연구개발의 선형모형

는 지적을 피하기 위해, 이 보고서는 기초연구에 대한 시장실패론을 주장했습니다. 상업화를 목적으로 한 응용, 개발 연구는 기업에 맡기지만, 시장에만 맡겨둔다면 기초연구에 대한 과소투자 현상이 발생하고, 그렇게 되면 연구개발의 근간이 약해져 결국 혁신도 일어나지 않는다는 것입니다.

이 보고서는 연구개발의 선형모형을 정립했습니다. 정부가—주로 대학에서 이루어지는—기초연구를 지원하면 그 연구 성과, 즉 과학기술 지식이 넘쳐 흘러spill over 응용연구의 원천이 되고, 다음 단계이자 최종 단계인 개발을 거쳐 상용화가 이루어진다는 것입니다.

이로부터 시작된 과학기술정책의 역사를 축약하면 다음과 같습니다. 1945년부터 1980년대까지는 선형모형이 지배한 시기로, 여러 학자들이 공통적으로 과학기술정책 1기라고 부릅니다. 1기 과학기술정책이 작동된 기간은 냉전 시기와 정확히 일치합니다. 이 시기 과학기술정책의 목표는 이른바 적성국을 능가하는 것이었습니다. 효율보다는 자존심이 중요했던 시기로 천체망원경, 전파망원경, 입자가속기, 유인 우주개발 등 체제 경쟁 목적의 거대과학 분야에 대한 대규모 투자가 이루어졌습니다.

1980년대 후반 냉전이 종식되면서 세계는 본격적으로 경제 경쟁의 시기로 접어듭니다. 총칼 대신 상품을 무기로 하는 무역전쟁이 시작된 것입니다. 안보 위협이 누그러지자 세계 2위의 경제대국으로 부상한 일본과 한국을 비롯한 아시아의 신흥 공업국들, 미국과 유럽 각국이 자국의 경제적 번영을 위해 치열하게 경쟁하기 시작했습니다. 자존심 게임을 펼칠 상대국이 소멸됨과 함께 거대과학의 시대는 막을 내리는데, 상징적인 사건은 미국의 초전도입자가속기SSC 건설 중단입니다.

이후 과학기술정책의 초점은 기술과 산업의 국제 경쟁력으로 옮겨졌습니다. 과학기술정책에 대한 경제학의 영향력이 커진 것도 이 시기입니다. 기술 진보를 통해 생산성을 높여 경제성장을 이룬다는 기조가 강하게 나타났습니다. 기초연구를 수행하던 대학은 이 시기에 이르러 기술이전 및 사업화에 적극 나서라는 주문을 받습니다. 선형모형의 넘침 효과spill-over effect가 저절로 일어나는 것이 아니라는 것을 인식하게 된 결과입니다. 이 시기를 대체로 과학기술정책 2기로 봅니다.

국가혁신시스템 관점

1990년대에 등장해 현재까지 이어지고 있는 3기 과학기술정책은 시스템을 강조합니다. 국가혁신시스템 관점을 필두로 지역혁신시스템, 산업부문혁신시스템 등 여러 파생 개념들이 등장했고, 학술적으로는 물론 정책 측면에서도 주목을 받았습니다.

국가혁신시스템 관점은 한 국가를 하나의 유기적 시스템으로 보고 대학, 공공연구기관, 기업 등 혁신주체들 사이의 상호작용과 학습이 혁신의 창발에 중요하다고 봅니다. 이 관점에서는 분석 단위를 국가로 삼아 한 국가가 지니고 있는 지정학적·역사적·문화적·제도적 맥락을 일종의 주어진 조건이자 국가혁신시스템의 일부로 보게 되었습니다. 정부의 정책은 매우 중요한 제도적 구성 요소로서 지식의 생산과 유동을 도와 혁신을 일으키는 핵심 요소입니다.

3기 과학기술정책에 이르면 과학기술정책을 산업정책 또는 미시경제 정책과 구별하기 어려워집니다. 따라서 학계에서는 과학기술혁신정책 또는 혁신정책이라는 용어를 함께 사용합니다. 최근 과학기술정책의 범위는 더욱 넓어지고 있습니다. 과학기술을 통해 사회문제를 해결하고 일자리를 창출합니다. 현대 사회의 여러 문제—에너지, 환경, 보건 분야의 문제들—가 과학기술과 밀접하게 관련되어 있기 때문이기도 하고, 과학기술에 대한 지속적인 공적 지원을 정당화하기 위해 과학기술에 요구하는 바가 늘어난 것으로 볼 수도 있습니다.

오늘날 과학기술정책의 기본 틀인 국가혁신시스템 관점에 대해서 좀 더 자세히 알아보면, 국가혁신시스템 관점은 최초에 일본의 고속 성장을 분석하는 과정에서 등장했습니다. 과학기술정책 연구의 선구자인 프리먼Christopher Freeman이 지식경제와 암묵지(학습과 경험을 통하여 개인에게 체화되어 있지만 겉으로 드러나지 않는 지식)의 중요성을 강조하던 룬드발Bengt-Åke Lundvall과 교류하면서 다양한 여러 혁신주체들 사이의 네트워크와 상호작용이 중요하다는 영감을 얻게 되었습니다. 그는 일본의 발전 사례를 분석하면서 이를 19세기 독일의 경제학자 리스트Friedrich List의 '국가정치경제시스템' 관점에 대입했습니다.

프리먼은 일본이 제2차 세계대전, 즉 전시에 운영한 국가 수준의 총체적 동원체제가 전후의 경제성장에서도 작동한 것으로 보았습니다. 정부와 대기업 집단이 연대하고, 정부가 공공연구 부문과 산업계의 네트워크를 형성, 관리, 조향操向하는 것입니다. 정책의 초점은 기업 활동에 대한 지원과 기업에서의 혁신에 맞춰져 있다고 분석했습니다. 리스트의 국가정치경제시스템은 19세기 당시 러시아와 독일 등 후발 산업 국가들의 추격형 산업화를 분석하기 위한 개념인데, 프리먼은 이것을 현대적으로 재구성하여 국가혁신시스템이라고 명명한 것입니다.

국가혁신시스템은 '유럽 역설(기초과학은 강하지만 산업 기술은 미국과 일본에 뒤처진다는 역설)'에 고민하던 유럽연합EU과, 유럽 국가들이 중심인 OECD가 적극적으로 채택했습니다. 이 관점을 적용해 회원국을 진단하고 시스템의 약점을 찾아 처방을 제시하는 정책의 기본 틀로 사용하기 시작한 것입니다. 유럽 역설은 대학의 기초연구와 산업계 사이의 간극이 원인이었던 것으로 여겨졌습니다. 국가혁신시스템 관점은 산·학·연 협력을 촉진하기 위해 적극적인 정부의 역할을 강조합니다.

유럽연합이 경제적 · 정치적 통합을 추진하면서, 통합의 장애 요인인 회원국 사이의 격차를 완화하기 위해 후발국에 대한 처방을 내리는 데에도 국가혁신시스템 관점을 활용했습니다. 국가혁신시스템은 OECD가 채택해 회원국들을 평가하기 시작하면서 유럽 외 국가에도 전파되었습니다. 국내에서도 2004년 노무현 정부에서 국가혁신시스템을 과학기술정책의 기본 틀로 채택해 본격적으로 시스템적

정책을 발표하였고, 과학기술혁신본부 또한 이 시기에 설치되었습니다.

산학연 네트워크와 대학의 역할

국가혁신시스템 관점은 다양한 혁신주체들—대학, 공공연구기관, 기업 등—사이의 상호작용과 이를 통한 학습의 중요성을 강조합니다. 혁신시스템 관점에 기반한 제도와 정부 정책의 초점은 이들 사이의 상호작용을 촉진하고 그 파급 효과를 극대화하는 데에 초점이 맞춰져 있다고 해도 과언이 아닙니다. 2000년대 초부터 국내에서도 산학(연)협력 등의 개념이 강조되어왔습니다.

정부 출연 연구와 같은 공공연구 부문이 크지 않은 일부 국가에서는 산학연 네트워크를 산학관官 네트워크라고 부르기도 하며, 이 경우 해당 정부에서는 산, 학, 관이 서로 밀접하게 엮여 있어야 한다는 의미에서 '삼중나선 모형'을 과학기술정책의 기조로 삼기도 합니다. 사실 삼중나선 모형은 국가혁신시스템 관점과 대동소이한 것입니다. 최근에는 산, 학, 연에 시민사회까지 추가된 사중나선 모형도 등장했습니다.

대학과 기업은 지향하는 바가 근본적으로 상이하므로 협력이 쉽지 않습니다. 또한 산학협력이 강조됨에 따라 대학의 상업화와 공공재인 지식의 사유화(지식자본주의)를 우려하는 목소리도 존재합니다. 하지만 산학협력이 강조되고 대학 연구에 대한 기업의 지원이 증가한다고 해서 대학 연구의 자율성이 훼손되었다거나 기초과학 연구가 쇠퇴했다는 증거는 없습니다.

기업이 대학과 협력하는 주된 동기는 잠재적인 연구 인력을 확보하기 위해서입니다. 공동연구를 거친 석·박사는 별도의 검증이나 추가적인 교육 없이도 기업이 필요로 하는 맞춤형 인력이 되기 때문입니다. 마찬가지로 대학의 입장에서도 졸업생의 진로 확보라는 측면에서 산학협력은 매력적입니다.

정부가 산학협력을 촉진하기 위해 정부 연구과제에서 산학 컨소시엄 구성을 요건으로 내걸면서 이를 수주하기 위한 연대가 형성되기도 합니다. 동기가 어떻든, 서로 다른 혁신주체들이 만나 소통하면 지식의 유동성이 높아지고 창의적인 융합이 나타날 가능성이 커지므로, 현대 과학기술정책에서 산학협력은 바람직한 규범으로 간주됩니다.

대학이 산업계와 직접 협력하고, 나아가 대학이 개발한 기술의 사업화에 직접 나서게 됨에 따라, 대학과 공공연구소의 역할 분담 또는 기능상의 차별화는 점차 사라지고 있습니다. 국가혁신시스템 관점에서 대학은 상아탑이라기보다 산업과 경제발전을 위해 연구를 수행하거나, 심지어 기술 출자회사를 거느리는 등 스스로를 영리를 추구하는 혁신주체로 봅니다.

과학기술혁신의 측정

모든 정책이 마찬가지겠지만, 과학기술정책도 정부가 납세자의 돈을 과학기술 연구개발에 지출하는 만큼 정책의 정당성을 확보하기 위해 그 효과를 측정할 필요가 있습니다. 또한 정부 개입의 효율성과 효과를 높이기 위해서는 정책 수요가 존재하는 적재적소에 적절한 정책적 노력을 투입해야 합니다. 정책 수요란, 정부가 생각하는 바람직한 미래 상태와 현재 상태의 차이입니다. 정책 수요를 알기 위해서는 현재의 상태에서 무엇이 필요한지 판단하고, 어느 정도의 투입을 통해 얼마나 개선될 수 있을지 예측할 필요가 있습니다. 이것은 측정의 문제이고, 과학기술정책 분야에서는 측정을 위해 여러 가지 지표를 이용합니다.

연구개발 지출 관련 지표들은 대표적인 '투입 지표'입니다. 이 지표에는 총 연구개발 지출, 정부 연구개발 지출, 민간 연구개발 지출, GDP 대비 연구개발 지출 비율 등이 있습니다. 한국의 총 연구개발 지출 규모는 미국, 중국, 일본, 독일에 이어 세계 다섯 번째입니다. 한국보다 경제 규모가 큰 프랑스보다 1.5배, 영국보다 2배 많습니다. GDP 대비 연구개발 지출 비율은 2017년 기준 4.5퍼센트로 독보적인 세계 1위입니다. 연구개발 지출 지표는 투입 지표라는 한계가 있지만, 연구개발 활동의 규모와 적극성을 나타내는 포괄적 지표로서 널리 사용되고 있습니다.

특허는 대표적인 '산출 지표'입니다. 특허 국제 비교에 유용하고 공신력이 큰 삼극 특허(전 세계 특허를 주도하는 미국, 일본 및 유럽의 특허청에 모두 등록된 특허) 데이터가 주로 사용됩니다. 특허는 기술 분야별로 편차가 크고, 주로 민간 기업에서 생산되며, 개발도상국에서는 거의 등재되지 않는다는 뚜렷한 한계가 존재합니다. 하지만 데이터에 대한 접근성이 높고 여러 가지 추가적인 분석이 가능하므로 학계에서 매우 선호되는 지표입니다. 다른 산출 지표로는 학술논문, 특히 SCI 논문 수, 인용지수 등이 있습니다. SCI 등재 여부는 세계적으로 그 권위를 인정받는 기준이 됩니다. 기술이전 액수 및 계약 수, 벤처기업 수는 지식 유동에 관련된 지표입니다.

'성과 지표'로는 경제성장률, 수출 실적, 국가 경쟁력 지수 등이 있지만 이들 성과 지표에 영향을 미치는 요소가 워낙 다양한 탓에 연구개발이 기여한 부분을 알아내기는 어렵습니다. 성과 지표가 마땅치 않은 것이 과학기술정책의 특징입니다.

유럽연합은 매년 회원국들의 국가혁신시스템을 평가하는 데에 국가별 혁신지수를 이용합니다. 지수를 이용하면 국가들의 순위를 매기는 일도 간단합니다. 부진한 것으로 나타난 국가에게는 정책적 처방을 주문하거나 국제적 지원을 유도합니다. 미국의 경제 매체 〈블룸버그〉는 매년 초 세계 주요 국가들을 자체 혁신지수를 이용해 평가합니다. '블룸버그 혁신지수'를 구성하는 지표들은 연구개발 강도, 제조업 부가가치, 생산성, 하이테크 밀도, 대학 교육, 인구당 연구원 수, 특허 활동입니다. 한국은 블룸버그 혁신지수에서 2018년까지 5년 연속 세계 1위에 올랐습니다.

마치며

지금까지 과학기술정책의 맥락과 기초 개념들에 대해 간략히 설명했습니다. 다른 정책 분야와 비교할 때 과학기술정책은 과학기술계, 즉 연구자 집단의 자율성이 크다는 특징을 갖습니다. 연구자 집단은 과학기술정책의 수혜자임과 동시에 정부와의 활동에서 높은 비중을 차지합니다. 우리나라의 국가과학기술자문회의, 미국의 대통령과학기술자문위원회 등 세계 각국에서 정부에 대한 공식적인 과학기술 자문기구가 발달했습니다.

이러한 현상은 과학기술 지식의 전문적 성격 때문이며, 과학기술 발전의 긍정적 효과에 대한 사회적 공감대가 폭넓게 형성되어 있는 덕분입니다.

학술적 차원에서 보면 과학기술정책 연구는 다학제적·융복합적 사회과학에 해당합니다. 다만 과학기술 지식의 내용과 연구개발 활동의 속성을 어느 정도 이해하고, 정책 대상 집단인 과학기술인들과 소통하기 위해서는 지적·사회적으로 이공계 기초를 갖춘 것이 유리합니다. 과학기술정책 연구자 중 이공계 출신이 많은 이유입니다.

기술경제학, 행정학 및 정책학, 기술경영학, 과학기술학STS은 과학기술정책의 학문적 기반입니다. 과학기술정책 연구의 이 같은 융복합적 성격 탓에 대학의 학부 과정에서 과학기술정책을 가르치는 경우는 드물고, 작은 수의 프로그램들이 협동과정 등의 형태로 대학원 과정에 개설되어 있습니다. 이 프로그램들 중 여럿이 공과대학이나 자연과학대학에 설치되어 있습니다.

과학기술정책은 정부 정책 중 결코 작지 않은 비중을 차지합니다. 이뿐만 아니라, 정부의 개입에 따라 연구개발 활동이 구성되고 나아가 과학기술 발전의 경로가 바뀌기 때문에, 현대 사회에서 과학기술의 막대한 영향을 감안할 때 과학기술정책이 과학기술인뿐 아니라 모든 시민에게 중요한 의미를 갖는다는 것을 알 수 있습니다.

과학기술과 민주주의와 시민참여

홍성욱
서울대학교 생명과학부 / 과학사 및 과학철학 협동과정 교수

우리가 사는 사회는 과학기술 사회입니다. 우리는 매일 인터넷에 접속하고, 자동차나 지하철을 이용해서 출퇴근하며, 케이블 TV를 보면서 여가를 즐깁니다. 잘 모르는 게 있으면 인공지능 스피커에 물어봅니다. 자동차 접촉사고가 나도 블랙박스 때문에 크게 걱정할 일이 없습니다. 하루에도 수십 번씩 CCTV에 노출됩니다. 출근길에 듣는 뉴스에서는 환경오염에 대한 문제, 지구온난화에 대한 문제, 원자력발전소에서 발생한 사고를 보도합니다. 모두 과학기술과 관련된 것들입니다. 이렇게 과학기술이 우리 삶의 구석구석에 영향을 미칩니다. 과학기술의 발전이 우리에게 더 편리한 삶을 제공하는 것은 분명해 보입니다만, 이런 발전이 우리를 더 행복하게 할까요? 이런 발전이 우리 사회를 더 민주적으로 만들까요?

로버트 머튼의 과학과 민주주의

과학과 민주주의에 대해서 이야기할 때 출발점으로 삼는 인물이 미국의 과학사학자 로버트 머튼Robert Merton입니다. 그는 1940년대에 보편주의universalism, 공유주의communism, 무사무욕disinterestedness, 그리고 조직화된 회의주의organized skepticism로 이루어진 네 가지 에토스가 과학의 규범을 만든다고 주장하였습니다. 이 에토스는 과학적 방법론이 아니라 과학자가 지키는 규범입니다.

보편주의는 과학의 발견이나 법칙이 인종, 성별에 따라 달리 적용되는 것이 아니라는 말입니다. 공유주의는 과학의 결과물이 사람들에게 널리 공유된다는 것이고요. 그 시기에만 해도 과학 연구에 대한 특허가 출원되거나 누구에 의해 소유되지 않았습니다. 무사무욕은 과학자가 자연의 섭리를 알기 위해 연구를 하지 사리사욕을 위해 하지 않는다는 것입니다. 조직화된 회의주의는, 과학은 주어진 것에 도전하고, 권위에 대해 회의적인 태도를 가진 활동이라는 것입니다. 이것은 과학자 개인의 속성이기도 하지만, 과학계 전체가 공유하고 있는 속성이기도 합니다. 연구 결과를 담은 논문은 익명의 심사위원에게 심사를 받으며, 의심이 되면 다른 과학자들이 다시 실험을 해 봅니다. 머튼의 네 가지 에토스는 굉장히 유명해져서, 각 에토스의 앞 글자를 따서 CUDOS라는 말이 만들어지기도 했습니다.

흥미로운 점은 머튼이 말한 과학의 규범이 민주주의와 관계가 있다는 것이었습니다. 1942년, 제2차 세계대전이 격화되고 있을 때 과학의 에토스를 다룬 머튼의 논문이 출판되었는데, 그 제목은 "민주적 질서 속의 과학과 기술에 대한 소고A Note on Science and Technology in a Democratic Order"였습니다. 그는 과학계가 굴러가는 데 작동하는 규범과 민주적 질서 사이에 무슨 관계가 있다고 생각했을까요? 이를 이해하기 위해서는 머튼이 느꼈던 시대적 위기를 생각해봐야 합니다.

머튼이 과학의 에토스와 규범을 이야기할 당시에는 독일의 나치가 제2차 세계대전을 일으켰고, 나치에 동조하는 아리안Aryan 과학자들이 생겨나기 시작했습니다. 이 과학자 그룹은 유태인의 과학은 저열한 과학이라고 주장하기도 했지요. 유태인은 의식이 낮기 때문에 그들의 과학 역시 저열하다는 주장이었는데, 이들은 유태인 과학 중 하나인 아인슈타인의 상대성이론 역시 지엽적이고 저열한 과학이라고 비난했습니다. 높은 차원의 과학은 독일인이 하는 아리안 과학이라고 주장했지요. 그래서 양자역학과 상대성이론을 부정하고 자신들 나름대로의 독특한 과학 체계를 제창하고 선전하였습니다. 머튼은 이렇게 비합리적인 아리안 과학이 독일 안에서 계속 팽창하고 있는 현상을 어떻게 비판할 것인가를 고민했던 것이지요.

결국 머튼은 독일의 아리안 과학은 계속해서 발전할 수 없다고 결론을 내립니다. 아리안 과학은 그가 제시했던 네 가지 에토스를 충실히 만족하지 못했기 때문입니다. 특히, 마지막 규범인 조직화된 회의주의는 권위에 도전하고 이를 비판하는 것인데, 나치에서 그런 것을 허용할 리 없으며, 따라서 당의 명령에 순응하는 과학은 오래 지속될 수 없을 것이라고 했습니다. 결국 머튼은 과학의 규범 때문에 민주적이지 않은 사회에서는 과학이 발전할 수 없다고 주장한 것입니다. 전체주의 사회처럼 민주적이지 못한 사회의 가치는 과학과 부합하지 않는다고 본 것이지요.

전쟁이 끝나고 미국 대학의 이념을 새롭게 세워야겠다고 고민했던 미국의 교육 개혁자들은 머튼의 아이디어를 긍정적으로 평가했습니다. 이들은 머튼이 얘기했듯이, 과학의 정신 혹은 과학의 규범을 가르치는 학문이 교양 교육의 핵심이 되어야 한다고 주장하기 시작했습니다. 이런 과정을 겪으면서 머튼의 과학사회학이 미국의 학계에서 유명해지기 시작했습니다. 원래 과학사회학은 학계에서 거의 관심을 두지 않던 작은 분야였지요. 사회학의 한 분과에 속하는 학문이었습니다. 그런데 미국 사회가 지향해야 할 방향을 제공해주는 학문으로 간주되면서 학계의 주목을 받게 된 것이지요.

여기에 철학자들의 논의도 덧붙여집니다. 유럽에서 논리실증주의를 정립한 철학자들이 미국에 와서 과학철학을 학계에 뿌리내립니다. 이 과정에서 이들은 과학은 정당화를 제공하고, 사실에 근거하고, 진실을 바라보고, 올바른 결정을 제시하고, 관찰에 근거하고, 입증/복제 가능성을 내포하고 있고, 반증 가능하다는 등 고유한 방법론들로 점철되어 있다고 강조했습니다. 머튼은 규범을 얘기했고 철학자들은 방법론을 얘기했지만, 이 둘 사이에는 비슷한 점들이 있었습니다. 이런 생각이 합쳐지면서 사람들은 과학이 민주적 합리성을 키우는 데 중요한 학문이며, 대학에서 교육하는 핵심 교양이 되어야 한다고 생각하게 됩니다. 1950년대에 여러 대학에서 과학의 방법론, 과학적 합리성을 교육하는 과목이 개설이 됩니다.

과학이라는 도그마: 토머스 쿤과 사회구성주의자들

이와 같은 낙관론은 오래가지 못합니다. 토머스 쿤이 1962년에 《과학혁명의 구조》를 출판하는데, 이 책의 핵심 주장은 과학자들이 한번 패러다임을 획득하면 이를 고수한다는 것입니다. 이에 따르면 과학은 논리경험주의자 포퍼 등이 말한 열린 체계보다는 닫힌 체계에 가깝습니다. 쿤은 이 책을 출판한 후에, 과학에서 도그마의 역할을 강조하는 "과학 연구에서 도그마의 기능The Function of Dogma in Scientific Research"이라는 논문을 내놓습니다. 과학이 반증 가능하고, 열려 있고, 합리적이라기보다는 독단적인 측면을 가지고 있다고 본 것이지요.

이런 주장은 많은 사람들을 불편하게 만들었습니다. 과학이 독단적이라면 과학과 민주주의는 어떻게 되는 것인가 하는 질문이 이어지기 때문이지요. 즉, 쿤의 논의대로 본다면 과학은 민주적인 가치와 공명한다기보다는 상충되는 것으로 보일 수도 있었기 때문입니다.

이후 쿤의 영향을 받아 사회구성주의를 주장하는 학자들이 등장했습니다. 그들은 한 시대의 과학은 그 시대의 사회적, 문화적 가치, 이해관계를 반영한다고 주장했습니다. 과학이 세상에 대한 객관적인 진리나 법칙이라기보다는, 사회의 여러 가지 가치들이 고스란히 반영된 것이라고 주장한 것이지요. 예를 들어, 그들은 다윈 진화론의 메커니즘으로 제시했던 생존경쟁이라는 개념이 그가 살았던 영국 빅토리아 시대에 널리 퍼져 있었던 개념이라는 것을 들었습니다. 이 개념은 과학과 전혀 무관한 정치경제학자들이 산업사회를 묘사하기 위해 썼던 것이었는데, 다윈이 이를 가져다가 자신의 과학에 그대로 썼다는 것입니다. 이 점에서 사회구성주의자들은 "과학은 사회적 관계이다Science is social relations"라는 과격한 명제를 제시하기도 합니다.

사회구성주의자들은 지식의 사회적 구성을 머튼의 과학사회학에도 적용합니다. 모든 지식은 사회적으로 구성되었고, 이런 관점에서 보면 머튼의 이론이 인기를 끈 이유는 '20세기 후반 냉전 시기의 미국'이라는 사회적 맥락이 반영되었기 때문이라는 것이었지요. 그들은 머튼이 사용한 과학의 보편성, 객관성 등의 개념이 냉전과학을 정당화하고, 냉전과학의 군사적 특성을 가려주는 것일 뿐이라고 지적했습니다. 당시 대부분의 과학은 미 국방부의 지원을 받았기 때문입니다.

그중에는 차별을 정당화하는 과학도 많았습니다. 핵전쟁 게임이론, 우생학, IQ의 유전자 결정론, 성차별적인 사회생물학이나 진화심리학, 정상과 비정상을 구별하고 차별하는 정신의학과 같이 과학의 이름으로 이루어진 비민주적인 실험들이 많이 있었고, 전문가들은 자본의 이익을 따라 움직였을 뿐이었습니다. 따라서 이런 일들이 벌어지고 있었던 시기에, 사회구성주의자들은 머튼과 과학철학자들이 과학이 민주적이라는 이야기를 하는 것은 모순된다고 보았습니다. 과학이 실제로 하고 있는 무언가를 가려주기 위한 이데올로기였을 뿐이라는 것이지요.

과학과 민주주의가 공명한다는 주장에 문제제기를 한 것은 쿤만

이 아니었습니다. 또 다른 비판은 과학이 답하지 못하는 문제들이 많다는 것이었습니다. 물리학자 출신의 과학정책 자문가였던 알빈 와인버그Alvin Weinberg는 이런 한계를 드러내기 위해서 트랜스사이언스trans-science라는 개념을 제창합니다. 그가 제기한 트랜스사이언스의 한 가지 사례는 아주 약한, 즉 저선량 방사능이 인간에게 암을 유발하는지의 문제였습니다. 당시 원자력발전소가 막 건설되었기 때문에 저선량 방사능은 매우 뜨거운 논쟁거리였습니다. 이것을 확실히 알아내는 방법은 쥐를 가지고 실험하는 것입니다. 그런데 저선량 방사능은 양이 굉장히 적기 때문에 확실한 결과를 보기 위해서는 쥐가 2억 마리 필요했습니다. 즉, 실험을 통해 답을 얻기란 불가능한 것이었지요. 그래서 와인버그는 저선량 방사능은 사회적으로 굉장히 이슈가 되는 것이지만, 과학은 답을 줄 수 없다고 했습니다. 아직까지 어떤 실험도 이 질문에 대해서는 명확한 답을 주지 못하고 있습니다.

이렇게 과학이 질문을 던질 수 있지만, 답할 수 없는 주제를 모아서 트랜스사이언스라고 한 것이지요. 와인버그가 보기에 트랜스사이언스의 영역에서 우리에게 정말 필요한 것은 과학주의자나 냉전 과학자가 아닌, 민주적 가치에 공감하는 새로운 종류의 전문성을 지닌 전문가였습니다.

보통 사람들의 전문성

1970~80년대에 전문성이 사회적인 키워드가 됩니다. 전문성에

대한 입장은 크게 두 가지로 나뉘었습니다. 전문가의 전문성을 인정하자는 입장과 전문성의 해악이 크다는 입장이 이런 두 가지 입장이었습니다. 보통 사람들이 잘 모르는 기술적인 문제가 생길 때 전문가들이 이런 문제를 가장 잘 해결합니다. 따라서 전문성을 인정하는 입장에서 볼 때 보통 사람들이 획득할 수 없는 지식을 가지고 있는 전문가의 전문성을 잘 유지하는 것이 사회의 여러 문제들을 원활하게 해결하는 길이라고 여깁니다. 이와 같은 의견은 전문성의 특권을 지지하는 것입니다. 민주주의는 시민이 정치적 문제를 결정하는 것을 의미하는데, 전문성은 민주주의와는 관련이 없는 영역에서 작동하는 것이 되지요.

반대로 전문가의 전문성에 문제가 있다는 쪽은 전문가들이 지식과 권위를 독점하고 일반 시민들을 비전문가로 규정함으로써 중요한 문제로부터 배제한다고 주장합니다. 원자력과 같은 문제는 시민들의 삶에 큰 영향을 주는 문제이기 때문에, 이런 문제에 대해서는 시민들이 민주적인 정치적 과정을 여러 결정을 해야 하는데 전문가들이 이를 독점한다는 것이지요. 이들은 보통 사람도 노력하면 어느 정도의 전문성을 획득할 수 있다고 주장하지요. 전문가가 대단한 지식을 가진 것이 아니라는 것입니다. 또 전문성의 독점은 대화와 소통의 단절, 민주주의의 후퇴를 가져온다고 보았습니다.

전문성의 독점을 비판하던 사람들은 일반 시민이나 주민이 전문성을 지니게 된 사례들을 제시했습니다. 그중 하나가 영국 컴브리아 지역 목양농의 민간지lay knowledge사례입니다. 체르노빌 사건 이후, 유출된 방사능이 바람을 타고 유럽 전역에 퍼집니다. 특히 영국 컴브리아 지역은 방사능의 영향이 상당했습니다. 이 지방은 양을 키워서 양털을 파는 일을 했는데, 목양농들은 방사능이 유입되어 땅이 오염되었으니 양털도 오염되었을 것이고, 이를 판매할 수 없을 것이라고 걱정합니다. 이에 대해 과학자들은 실험을 해본 결과 양털은 괜찮다고 했지요. 목양농들은 안심했지만, 과학자들이 이후에 조금 더 정교한 실험을 하면서 양털을 팔 수 없다는 식으로 의견을 바꿉니다.

목양농들은 이에 대해서 이의를 제기합니다. 과학자들의 실험은 양을 가두어놓고 거기에 있는 풀을 먹인 다음에 방사능을 측정한 것인데, 사실 양은 닫힌 공간에서 풀을 먹지 않는다는 것입니다. 게다가 실험에서는 양의 엉덩이에서 방사능을 측정하는 방식을 사용해서 열 마리 중에 여섯 마리에서 방사능이 검출되었다고 했는데, 엉덩이가 아니라 다른 쪽에서 검출하니까 열 마리 중 한 마리만 방사능이 검출됐다는 것도 문제라는 것이었습니다. 목양농이 이렇게 주장하는 순간 과학자들의 권위가 확 무너져버렸습니다. 같은 실험 방식인데, 아예 결과가 다르니까요.

그다음부터 목양농들은 과학자를 더 이상 신뢰하지 않게 됩니다. 과학자들은 목양농의 의견을 받아들이지 않다가, 나중에야 수용합니다. 그리고 자신들이 이 문제를 완벽하게 해결할 수 없다고 했습니다. 과학적으로 분명한 답을 내릴 수 없다고 한 것이지요. 과학자들은 그래도 양털을 팔면 안 된다는 입장을 고수했습니다만, 농장주에게 양털을 팔 수 있느냐의 문제는 생계가 걸린 문제였기 때문에 이들은 과학자들을 신뢰하지 않게 되었습니다. 결국 과학자들과 목양농 사이의 대화는 단절되게 되지요. 이 사례에서 알 수 있는 것은 산에서 풀을 뜯어 먹는 양에 대한 특수한 조건 중 어떤 것들은 과학자보다는 양을 키우는 목양농이 더 잘 안다는 것입니다. 이 사례는 국지적local 조건에 대해서는 목양농이 과학자보다 더 나을 수 있다는 것을 잘 보여준 것이라고 할 수 있습니다.

또 다른 사례는 에이즈 활동가 같은 보통 사람들의 전문성lay expertise에 대한 것입니다. 임상의학의 경우에 신약이 나와서 실제로 환자에게 사용하기 전 중요한 단계가 임상실험입니다. 가장 널리 사용하는 임상실험의 방법은 환자를 두 부류로 나눠서 한쪽에는 신약을, 다른 쪽에는 가짜 약인 위약placebo을 주는 것입니다. 그리고 어느 정도의 시간 뒤에 위약과 비교해서 진짜 약이 얼마나 효과가 있는지를 봅니다.

에이즈 환자들은 이런 방법에 대해 두 가지 문제를 제기했습니다. 첫 번째로, 이것이 윤리적인 방법이냐는 것입니다. 사람이 병으로 죽어가고 있고, 이들이 의존할 수 있는 것은 신약밖에 없는데, 가짜 약을 투여해서 증상이 호전되는지 관찰하는 것이 윤리적인가라는 것입니다. 이것에 대해서는 의사들은 신약이 이런 식으로 개발돼서 더 많은 사람들을 살렸기 때문에 이것이 최선의 방법이라고 주장하겠지요. 그렇지만 에이즈 환자들은 생사가 걸려 있는 경우와 그렇지 않은 경우를 구별해야 한다고 항변했습니다.

에이즈 환자들이 제기한 두 번째 문제는 이런 기존의 임상시험의 방법이 실제로 잘 작동하지 않는다는 것이었습니다. 누가 위약을 먹고, 누가 신약을 먹는지를 모르는 상태에서 어차피 2명 중 한 명은 신약을 먹고 있기 때문에 환자들은 서로 약을 섞어서 절반씩 나눈다는 것이었습니다. 환자들은 의사들이 생각한 방식대로 약을 복용하지 않고 있으며, 따라서 의사들이 신뢰했던 임상시험 자체가 의미가 없다는 것이었습니다. 환자들이 이러한 이유를 들어 임상실험 자체에 대한 문제를 제기했을 당시에 의사들 중에서도 비슷한 생각을 가진 사람들이 있었어요. 이와 같은 의사들과 에이즈 환자들이 연합해서 다른 방식으로 임상실험을 시도했습니다. 에이즈 환자들이 새 약을 테스트하는 피험자가 아니라, 임상실험에 대한 새로운 이론을 만드는 사람들로 탈바꿈했던 것입니다. 이는 환자 개개인이 에이즈 환자의 공동체에 속했고, 이 공동체가 기존의 의학계를 상대로 정치적인 운동을 벌였기 때문에 가능했습니다. 의사들이 생각하지 못했던 것들을 환자가 알고 있었고, 이것을 의사한테 말해서 더 나은 방법을 찾게 된 것이지요.

전문성의 충돌: 위험의 산출

대개 환경이나 의료 분야에서 시민과 전문가의 충돌은 위험risk의 문제를 둘러싸고 가장 첨예하게 일어납니다. 과학자 같은 전문가들은 위험을 확률로 정의합니다. 위험은 아직 일어나지 않은 사건이나 재앙이거든요. 2008년에 우리나라 정부가 미국산 쇠고기를 수입할 때 이 수입을 반대하는 운동이 있었는데, 대부분의 과학자들은 미국산 쇠고기가 안전하다고 했습니다. 미국 쇠고기를 먹고 광우병에 걸릴 확률은 골프에서 홀인원을 하고 만세를 하다가 번개를 맞을 확률, 즉 33억분의 1과 같다는 것이었습니다. 이런 전문가들이 보기에 사람들은 이보다 훨씬 더 위험한 일을 기꺼이 하는데, 미국산 쇠고기 수입에 반대하는 것은 정치적인 이유가 있기 때문이었습니다.

그런데 보통 사람들은 위험을 확률로 계산해서 느끼지 않습니다. 사람들이 위험을 느끼는 방식은 총체적입니다. 여기에는 여러 가지 요소가 영향을 미칩니다. 가장 중요한 것은 자기가 자발적으로 했느냐, 아니면 강제되었는가의 차이입니다. 내가 자발적으로 택한 일에 대해서는 위험도가 1000배 정도 감소합니다. 오토바이를 타다가 사고로 죽을 확률은 베트남 전쟁에 참전해서 총에 맞아 죽을 확률 정도로 높지만, 전쟁에 참가하는 것을 극도로 꺼리는 사람도 오토바이는 위험하지 않다고 생각하고 즐깁니다. 자신이 택했기 때문입니다.

두 번째는 얼마나 결과가 끔찍하고, 통제 불가능하고, 두렵고, 돌이킬 수 없으며, 불균등하게 분배되는가에 따라 위험을 느끼는 정도가 다르다는 것입니다.

세 번째는 무지의 정도입니다. 우리가 자동차를 타고 가다가 다칠 확률은 꽤 높지만 이 때문에 운전을 포기하지 않는 이유는 자동차 사고에 대해서 거의 다 알려졌기 때문입니다. 자동차와 관련해서는 우리가 모르는 게 별로 없고, 이럴 때 위험은 감소합니다.

종합하면 위험은 ①비자발성, ②불평등, ③도망갈 수 없음, ④새로움, ⑤인간이 만든 것, ⑥감춰지고 돌이킬 수 없는 것, ⑦어린아이나 후속세대에 지속되는 성격, ⑧공포스러움, ⑨과학적으로 잘 모름, ⑩전문가들 사이의 의견 불일치 정도에 따라 다르게 느껴집니다.

이런 요소들을 수입된 미국산 쇠고기에 대한 위험과 비교해봅시다. ①비자발성은 내가 모르게 식탁에 미국산 쇠고기가 오를 수 있는 상황과 연결되지요. ②불평등은 돈이 있는 사람은 한우를 먹을 수 있지만, 경제적으로 취약한 계층은 미국산 쇠고기를 먹을 수밖에 없다는 점과 관련 있습니다. 그래서 ③도망갈 수 없습니다. 광우병은 ④새로운 것이며, 자연적인 것이 아니라 ⑤인간이 만든 끔찍한 질병입니다. ⑥감춰지는 특성이나 ⑦어린이한테 직접적으로 전해지고, 광우병 환자는 뇌가 망가져 비참하게 죽기 때문에 ⑧공포스러운 특성도 있지요. 게다가 ⑨과학적으로 명확하게 알 수 있는 것도 아니고, 병이 나을 수 있는 방법도 없습니다. ⑩전문가들 사이에 의견도 불일치한다는 점 등이 딱 들어맞는다고 할 수 있습니다. 이런 점을 고려하면 왜 시민들이 미국산 쇠고기를 위험하다고 생각했는지 알 수 있습니다.

정리하면, 위험은 불확실성을 내포하는데 그 불확실성의 정도를 측정하는 것은 가치입니다. 위험을 인식하는 데에는 과학적인 확률, 즉 사실만이 아니라 가치 판단도 포함된다는 것이지요. 미국에서는 이런 부분들이 잘 알려져 있습니다. 2006년에 미국 과학진흥협회의 의장 길버트 오멘Gilbert Omen은 연설에서 위험 커뮤니케이션의 핵심은 확률로 이야기하는 것이 아니라, 사람들이 관심 있는 문제에 귀

기울이고 답하는 것이라고 했습니다.

쓰레기 처리장 같은 위험 시설, 혐오 시설의 입지 선정과 관련해서 사람들이 보이는 '님비NIMBY(우리 동네에는 안 된다)' 현상에 대해서도 새로운 관점이 필요합니다. 이기심만으로 볼 것이 아니라, 위험이 총체적으로 집약된 결과라고 봐야한다는 것이지요. 실제로, 님비가 '핌피PIMFY(우리 동네에 건설돼야 한다)'로 바뀐 경우들이 있는데, 그 이유를 분석해보니 위험시설을 유치하려 할 때 처음부터, 지역주민의 참여가 적극적으로 보장됐다든지, 정부, 전문가, 지역주민 사이에서 신뢰가 형성되었다든지, 직접적인 경제적 보상 외에 지역개발과 같은 간접적인 보상이 추진됐다든지, 장기적인 환경정책과 연결된 경우가 많았습니다. 즉, 참여 지향적이고 장기적이며, 신뢰 구축 지향적인 정책을 폈을 때 위험 시설물이 성공적으로 유치된 사례들이 있었습니다.

신뢰와 참여

위험을 수용하는 데 가장 중요한 것은 신뢰입니다. 신뢰는 타인에 대한 기대, 미래에 대한 방침, 위기나 기회를 받아들인다는 생각, 신용에 근거한 공약, 능력과 권한, 타인에 대한 배려, 예측성 등의 총체로 정의할 수 있습니다. 넓은 의미로 일종의 사회적 자본social capital이라고 볼 수 있습니다. 그래서 신뢰는 과학적 증거가 두려움을 상쇄하는 좋은 지렛대 역할을 해줄 수 있다고 합니다. 신뢰가 없이 전문가들이 과학적 증거만 들이대면 안 된다는 것입니다.

문제는 신뢰의 중요성을 아는 과학자들이 거의 없다는 점입니다. 미국산 쇠고기 수입 파동 당시에 많은 과학자들은 수입 쇠고기가 과학적으로 안전한데 국민들이 선동당한다는 식의 이야기들을 반복했습니다. 시민들은 자신들이 위험하다고 느끼는 것을 위험하지 않다고 주장하는 과학자들과 괴리감을 느꼈겠지요. 반면에 과학자들은 시민들이 정치적 선동에 휘둘렸다고 생각했을 겁니다. 위험 커뮤니케이션에서 과학적 사실의 커뮤니케이션은 굉장히 중요합니다. 그렇지만 이것이 잘 작동하기 위해서는 여러 조건이 뒷받침되어야 합니다. 과학적 사실과 함께 충족되어야 할 요소들은 신뢰, 참여의 보장, 그리고 경제적인 고려입니다.

위험 커뮤니케이션 전문가들이 제안한 커뮤니케이션 단계는 다음과 같습니다. 첫 번째는 상호 요구사항들을 잘 들어보고 평가해야 한다는 것입니다. 정보가 쌍방향으로 흘러야 하고, 대중의 의견이 다 다르다는 것을 인정해야 합니다. 예를 들어 주민 중에서도 누구는 손해를 보고, 누구는 이득을 본다는 것이지요. 선호도도 다 다르기 때문에 다양한 요구가 있을 겁니다. 그래서 분석자는 충분히 성찰적인 입장에서 이런 다름을 인식해야 합니다.

두 번째는 논쟁의 내용에 대한 평가를 해야 한다는 것입니다. 여기서 기술적 요소는 물론, 윤리에 대한 서로 다른 가치체계의 차이를 봐야 합니다.

세 번째는 커뮤니케이션을 잘 디자인해야 한다는 것입니다. 여기에는 몇 가지가 중요한데, 우선 대중의 힘을 인정해야 합니다. 주민들을 힘으로 누르고 핵폐기물 처리장을 성공적으로 유치한 경우는 전 세계에 한 사례도 없습니다. 그리고 정보와 권력이 공유되어야 하고, 정보의 개방이 이루어져야 합니다.

네 번째는 위험 커뮤니케이션 전략과 방법을 고려해야 한다는 것입니다. 예를 들어 포커스 그룹 모임, 롤 플레잉 토론 등을 적극적으로 이용하고, 이런 모임에 다양한 그룹이 참여할 수 있도록 보장해야 합니다.

마지막 다섯 번째 단계는 전반적인 평가입니다. 그런데 평가는 마지막에 하는 것이 아니라 논의 초기부터 계속 평가를 위한 프로그램을 기획해야 하고 이 과정에서 대중의 공평한 참여를 보장해야 합니다.

과학기술에 대한 시민참여 메커니즘의 기제들은 여럿 있습니다. 투표, 공청회, 여론조사는 가장 수동적인 방법입니다. 대신에 시민참여적인 기술영향평가, 합의회의, 시민배심원제(공론화 위원회), 포커스 그룹, 시민/대중 자문 위원회, 과학 카페Science Cafe, 과학관 등의 방법들은 보다 능동적인 참여에 바탕을 둔 것이지요.

최근에는 시민들이 연구에 참여하는 경우도 늘고 있습니다. '공동체에 기반한 연구community-based research'는 지역의 문제를 해결하기 위해서 지역 기반으로 연구 프로젝트를 진행하는 것을 말합니다. 우리나라에서는 '리빙랩Living Lab'이라는 실험이 전국적인 규모로 이루어지고 있습니다. 리빙랩은 과학자와 시민이 협력해서 지역에서 시급한 문제를 해결하는 프로젝트입니다. 이런 협력이 많아질 때, 전문가와 시민들의 간격은 좁아질 겁니다. 전문가와 시민들 사이에 신뢰에 근거한 커뮤니케이션이 이루어지면 이는 위험사회를 극복하는 한 가지 커다란 힘이 될 것입니다.

사진 출처

02 과학철학 1 논리실증주의에서 포퍼까지

카페 센트럴 (cc)(i)(ɔ) János Korom Dr.

04 수학과 문명

가우디 성당 ©Shutterstock

06 생명과학, 유전자 재조합에서 유전자 가위까지

유전체 편집으로 만든 슈퍼 근육질 돼지 ©(주)툴젠

08 인공지능의 역사와 미래

아마존의 인공지능 스피커 '에코' (cc)(i)(ɔ) Frmorrison

12 규제과학과 신기술

허버트 보이어, 로버트 스완슨 (cc)(i)(ɔ) Science History Institute

시민의 교양 과학

보통 사람들을 위한 석학들의 과학 해설

1판 1쇄 펴냄 | 2019년 11월 30일
1판 3쇄 펴냄 | 2022년 1월 20일

지은이 | 홍성욱 · 이상욱 · 김홍종 · 이명현 · 송기원 · 송민령
정지훈 · 윤순진 · 윤순창 · 박범순 · 이두갑 · 박상욱
발행인 | 김병준
발행처 | 생각의힘

등록 | 2011. 10. 27. 제406-2011-000127호
주소 | 서울시 마포구 독막로6길 11, 우대빌딩 2, 3층
전화 | 02-6925-4185(편집), 02-6925-4188(영업)
팩스 | 02-6925-4182
전자우편 | tpbook1@tpbook.co.kr
홈페이지 | www.tpbook.co.kr

ISBN 979-11-85585-78-9 03400

이 도서의 국립중앙도서관 출판예정도서목록(CIP)은
서지정보유통지원시스템 홈페이지(http://seoji.nl.go.kr)와
국가자료종합목록시스템(http://kolis-net.nl.go.kr)에서
이용하실 수 있습니다.(CIP제어번호: 2019042130)